江苏省高等学校重点教材（编号：2021-2-020）
普通高等教育室内与家具设计专业系列教材
中国轻工业“十四五”规划教材

STYLE DESIGN OF FURNITURE

家具造型设计

陈于书　徐伟　编著

中国轻工业出版社

图书在版编目（CIP）数据

家具造型设计 / 陈于书，徐伟编著. —北京：中国轻工业出版社，2025.8

ISBN 978-7-5184-3449-7

Ⅰ.①家… Ⅱ.①陈… ②徐… Ⅲ.①家具—造型设计—高等学校—教材 Ⅳ.①TS664.01

中国版本图书馆CIP数据核字（2021）第056120号

责任编辑：陈　萍　　责任终审：李建华　　整体设计：锋尚设计
策划编辑：陈　萍　　责任校对：宋绿叶　　责任监印：张　可

出版发行：中国轻工业出版社（北京鲁谷东街5号，邮编：100040）
印　　刷：北京博海升彩色印刷有限公司
经　　销：各地新华书店
版　　次：2025年8月第1版第2次印刷
开　　本：787×1092　1/16　印张：12.5
字　　数：300千字
书　　号：ISBN 978-7-5184-3449-7　定价：59.00元
邮购电话：010-85119873
发行电话：010-85119832　010-85119912
网　　址：http://www.chlip.com.cn
Email：club@chlip.com.cn

251205J1C102ZBW

前言

一、中国家具设计发展概要

习近平总书记在十八大报告中提出："人民对美好生活的向往，就是我们的奋斗目标。"对于家具设计而言，就是通过一件件精美家具、一处处舒适的空间，来成就人们更美好的生活。

互联网普及、科技进步带来了消费者对新产品需求的释放。对产品的需求变得多样化、个性化，渐渐清晰的粉丝经济越来越受重视，批量化产品越来越少，单一品类产品的大规模生产渐渐远去。以产品为中心的制造业已不能满足瞬息万变的市场需求，以变应变势在必行。制造业的"变"可通过服务化转型实现，将传统制造环节向前端的产品设计和后端的销售进行双向延伸，开展专项服务活动，系统化提升产品附加值。

2019年10月，工业和信息化部、国家发展和改革委员会、教育部等多部门印发《制造业设计能力提升专项行动计划（2019—2022年）》，提出：提升设计水平和能力，推动中国制造向中国创造转变，为制造业高质量发展提供支撑保障。家具设计是提高产品附加值、增强企业核心竞争力、提高传统产业水平的重要途径。

家具设计是家具产品的外观、功能、结构、产品系列甚至品牌的整合和创新。它是科技知识、艺术知识和经济知识的集合，担负着用创新精神让"中国设计"走向世界的重要职责。

新中国成立之初，家具设计师们便以服务国家、服务民生为己任，开始了对现代家具的探索，开始从重装饰向重功能转变、从重手工向重机械转变、从烦琐的形式向简洁的形式转变、从作坊生产向工厂化生产转变，突破了传统家具只追求产品形式、不管产品功能的局限性，这是我国现代家具的自我创新阶段，也是我国"平民家具"的开拓阶段。这时的家具不再只是上层阶级的专利品，众多满足广大平民百姓需要的家具形式得到开发，从而大大推进了我国现代家具设计的发展。重温"36条腿"套装家具的设计，可以深切感受到中国家具设计不断创造、创新的自觉性。

改革开放以来，社会各方面的发展进步在家具设计中得到切实反映。一方面表现为以聚酯家具、板式家具、整体橱柜等为代表的西方家具设计观对中国家具设计的影响；另一方面表现为以1992年诞生的"联邦椅"为代表的中国家具设计一直坚守的自主创新之路。

经过多年的发展，中国家具设计已经完成其发展的初级阶段，正向着成熟、稳定和国际化方向发展。南京林业大学最早于1987年开始正式招收"家具设计与制造"专业本科学生，此后其他许多高等院校纷纷设立家具设计相关专业与课程，不仅进一步完善了学术体系，扩大了学术视野，更为社会培养了大批家具设计高级专业人才。今天的中国家具设计已经表现出自明、清以来从未有过的独有的作用和显著的魅力。

新时代，新起点，现实在更高的基点上对家具设计提出了更为严峻的挑战。如何适应信息化社会带来的巨大变化？如何助力产业全面转型升级？如何塑造新时代的中国形象？这些都是设计界需要回答的问题，也是我们不断努力的方向……

二、中国家具设计面临的问题概要

中国的家具设计在完成初级发展阶段的同时，也显露出大量的问题，主要表现在如下几个方面：

1. 院校设计教育与制造、市场的衔接程度不高。设计、制造、市场应形成一个完整的产业链，这是大家的共识，但是大部分教师缺乏设计经验，也缺乏在家具企业工作的经历，使得设计教育"纸上谈兵"，缺乏对行业与市场的了解，跟不上行业与市场的发展速度，同时缺乏系统的设计研究工作。

2. 家具设计在多数人观念中还停留在对产品"型"的改善，其地位仍然处于"美化"的辅助服务阶段，很少从功能、材料、工艺、结构或构成形式上去探究。

3. 长期以来，我们全面引进西方以包豪斯为代表的现代设计教育体系，受西方设计教育的影响较深，在借鉴学习的同时，我们忽略了融入属于自己的文化精髓，所以容易导致设计中的文化断层或缺失文化自信。

4. 设计部门或企业缺乏有序引导，设计管理意识及其作用严重缺乏，设计品牌打造力薄弱，中国家具设计的国际影响力较弱。

三、本书写作概要

通过本书的相关论述，学生较清晰地认识家具设计中的各种问题，并能帮助学生把握问题的实质，告诉学生如何去应对、解决这些问题，为学生提供较为丰富的参考方法、设计思路及信息，尤其是通过大量案例的分析，帮助学生进一步明晰解决问题的思路与方法；同时，帮助学生预见将来可能遇到的设计问题及其解决策略。最后，希望本书对中国家具设计的现在及未来可以产生积极的有益影响。

四、本书写作来源

1. 通过回顾作者近30年的家具设计教育经验，集合学生们所遇到的和表现出来的问题，试着给出自己的解决思路与方法，使内容更符合广大青年设计师与在校师生的需求。

2. 通过回顾作者十多年的家具设计实践经验，总结亲身经历的多个实际家具设计项目遇到的问题，试着寻找各种家具设计问题的实际解决方案，为实操设计师提供更有效的帮助。

3. 通过在意大利、美国、韩国、加拿大等国的交流学习以及国内外多个重要家具展会的观展，从设计教育、设计研究、设计管理、企业、行业、市场需求等方面全面认识国际家具设计现状中的优势与问题，了解世界家具设计发展的主流与趋势，一起探索当代中国家具设计的创新之路。

本书融合了理论指导、设计方法与典型案例，具有很强的理论指导与实践参考价值，广泛适用于工业设计、家具设计与工程、产品设计、艺术设计等相关专业，适合此类专业学生、教师，还适合正从事家具设计事业的设计师朋友及相关设计管理工作人员作为参考。

限于作者的水平与经验，书中难免有不足之处，敬请有关专家、学者和各界人士不吝指正，以便在以后的修订工作中改进和提高。

陈于书

2021年8月

目录

第1章　家具设计概述

1.1　家具设计的本质、角色与概念

家具，顾名思义，即家用器具。但是随着社会的发展，现代家具的概念早已不再局限于家中使用，还包括学校、酒店等公共场所甚至户外使用的家具。由于每一类家具设计的侧重点与具体方法会有较多不同，为更贴切地阐述家具设计理念，本书除了第8章设计案例之外，其他章节主要就民用家具设计展开讨论。

（1）家具设计的本质

设计，即按照任务的目的和要求，预先制定出工作方案和计划，并绘出图样。设计的目的就是解决问题。设计要解决的问题是消费者、生产者、经销商以及设计师之间的互动关系。设计师要做的是必须从眼前一团乱麻的问题中发掘事物完全不同的另一面，让灵感不再匮乏，而是喷涌而出，并从中摸索解决问题的新思路。只有这样，才可能找到有效的解决方案（图1–1）。

（a）　（b）　（c）　（d）

图1–1　餐边柜及局部细节（Porada）

（a）Polifemo （b）局部细节（1）（c）局部细节（2）（d）局部细节（3）

从人类需求角度看，设计是将人的梦想变成现实的桥梁。人类的需求不断由低级向高级发展，向往幸福、舒适的生活环境和条件，产生各种梦想和憧憬，这成为设计的原动力。人的本性需求，可分为物质需求与精神需求两个方面，而幸福就是人们追求的物质与精神需求两方面的满足与实现。所以说，家具设计的本质就是在家具产品设计方面为人们对美好生活的向往而做出的最大努力。

设计中，在重视人们的物质需求的基础上，还要进而重视人们的精神需求。人的精神需求是以物质需求为基础而又高于物质需求的更高层次的需求。人们在得到幸福后还会不停地追求更高层次的幸福。因此，生活就是设计，设计就是生活，生命不息，设计不止。

(2) 家具设计的角色

家具设计受艺术、技术、人文与市场等多方面因素制约与影响，家具设计的角色就是协调艺术、技术、人文与市场等多方面的平衡。

设计是技术还是艺术？这是一个永远争论的话题。艺术理论家们多少年来用长篇大论仍然未能解释清楚“艺术”究竟是什么（也许这恰恰就是艺术的魅力所在），所以要想讨论清楚“设计是艺术还是技术”可能只是一种徒然的努力。明知徒然却仍然努力，这种无功利性、非实用性不正是艺术的魅力所在？

我们战战兢兢地不敢承认设计是艺术，是因为设计中有许多实用和功利的因素；我们小心翼翼地避免把设计当作技术，是因为我们不满足于并试图超越这种简单的实用和功利。随着社会的发展，设计的外延越来越丰富，界定其范围越来越困难，人类希望通过设计把我们的生活环境创造得更加符合我们的理想。

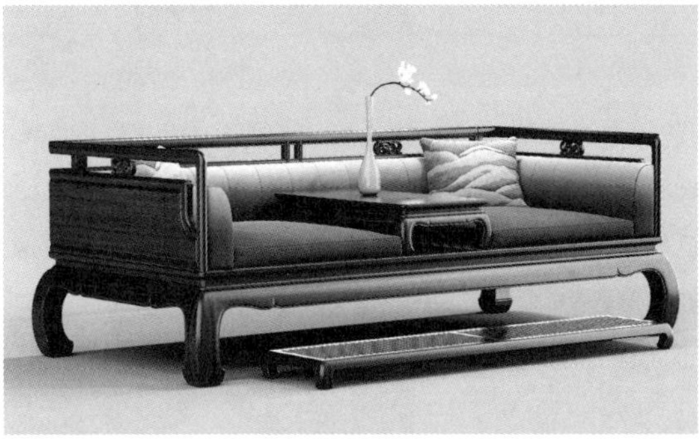

图1-2 罗汉床

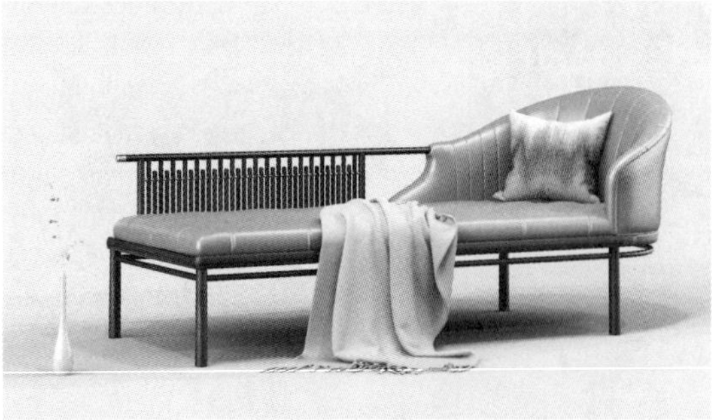

图1-3 休闲躺椅

技术是设计师的舞台，艺术是设计师在舞台上的创造性发挥。家具设计作为具体的创造性的实践活动形式，总是在现实的科学技术以及由此产生的社会物质生活条件和精神生活的制约或影响下能动地进行和实现的。

家具产品不仅是一种物质存在，更是精神文化的载体（图1-2和图1-3）。人文是指人类社会的各种文化现象，一直是设计界永不凋零的鲜花。设计本身就是一种文化现象，设计与文化的关系错综复杂。设计无时无处不受文化的影响，文艺思潮、历史政治、地理环境、风俗习惯、个人修养这些文化因素的不同，影响设计师和受众的思维方式，从而使得设计原则、设计风格、形成体系以及设计评价差异巨大。从社会发展的角度出发，不同时期，社会的文化价值取向不同，使设计各具时代风格特色。

设计是文化的结晶，设计作品的风格、流派、形态、色彩、材料、结构等就是一种文化现象，是反映文化的镜子。透过设计，能够看到深藏其后的哲学思想。设计是重大历史事件的见证和缩影。设计反映了特定民族的精神特质，设计见证了科技与社会的进步。

设计与文化相辅相成，两者之间是一个动态互动的过程。生活在不同文化时空下的设计师，总是力图通过自己的设计去体现和引导大众的需求和价值观，从而使自己与社会生活融为一体；而不同时空下文化的差异也会使社会大众对于设计的评判标准不同，进一步影响了设计风格与设计思想的差异化。设计文化的重要意义有哪些呢？

在设计家具时，参考消费者的价值观，将顺应其消费行为导向的文化内涵融入家具中，以家具为载体，将文化投入品牌中，提高设计的文化品位。在知识经济时代的今天，设计的竞争中文化含量的比例凸显。满足消费者对情感的心理诉求，对产品文化的价值认同，是实现情感营销的高附加值的销售方式。

在当下的市场经济时代，任何产品设计既源自于市场的需要，也最终必须经由市场检验。能否成功以及成功的实现度，都由市场进行选择。而设计本身，就不再像创作作品那样任意狂想并得到与众不同的作品，而需要针对市场的需要与可能，运用高超的艺术造诣对其进行解构与创新，从而实现该设计的功能运用，赋予该设计市场生命力。

简言之，设计如果作为一个由脑力创造的服务型产品，那就必须依托对市场需要的了解和市场对该设计的响应论证，而不是简单地为设计而去设计。在这里，市场是起到决定作用的一个方面。所以，家具设计受市场行为的支配并为价值取向所左右。当然，很多时候家具设计也可以通过高超的综合表现来引领市场，成为市场主导。

（3）家具设计的概念

现代家具制造虽还有为极少数人服务的纯手工打造方式，但绝大部分均已采用工业制作，属于工业产品。国际工业设计联合会在1980年给工业设计定义为：“就批量生产的产品而言，凭借训练、技术知识、经验及视觉感受而赋予材料、结构、形态、色彩、表面加工以及装饰以新的品质和资格，称为工业设计。”接着又指出：“工业设计师应在上述工业产品的全部或其中几个方面进行工作，而且对包装、宣传、展示、市场开发等问题的解决，付出自己的技术知识和经验以及视觉评价能力时，也属于工业设计的范畴。”可见，工业设计的定义，其内涵和外延都是极具伸缩性的。广义的工业设计可以涵盖全部的“设计”；狭义的工业设计是指对工业产品进行设计，其核心是对产品的功能、材料、构造、形态、色彩、表面处理、装饰等方面进行创造，既要符合人们对产品的功能要求，又要满足人们的审美情趣的需要，还要考虑经济因素。

现代家具设计几乎完全与工业设计的要素相吻合。家具产品设计是为了满足消费大众的需求的，设计家具产品的款型、色彩、面料、装饰等，也同样要考虑到功能、审美和经济。家具设计与工业设计一样，是一门自然科学与人文艺术结合的交叉学科，它汲取了科学、文艺、经济的成果，并涉及美学、人体工程学、生态学、心理学、市场学、材料学、史学、创造学等广泛的领域。艺术与技术是家具设计的支柱，技术为艺术增添活力，艺术赋予技术灵魂。狭义的家具设计含义是根据设计诉求（需要解决的问题）对家具进行事先构思、计划与绘制。它强调的是设计任务的清晰化、设计思维的有序化、设计进程的条理化，涉及的范围涵盖从构思到产品实现的全过程。广义的家具设计范畴是从家具产品的定位、设计概念的提出、开发计划的制订、系列设计的深化到对设计的评价、筛选与反思等一系列的活动。家具设计不是发明创造，不是实现从无到有发明一种全新的家具形式，而是根据人们的物质与精神需求，通过合理的规划、周密的计划形成一种设想，并将其以视觉形式传达出来的全过程（图1–4）。

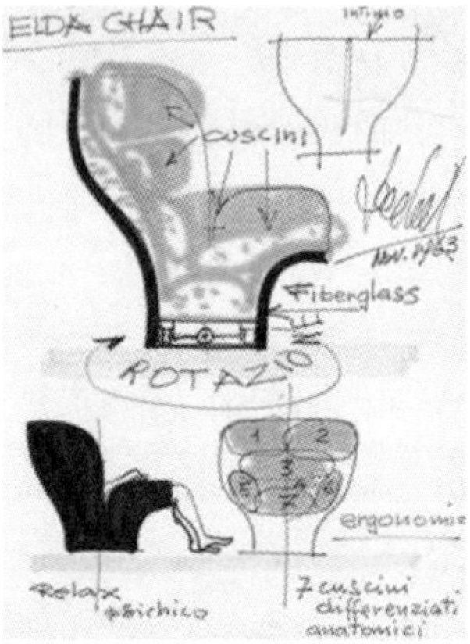

（a）

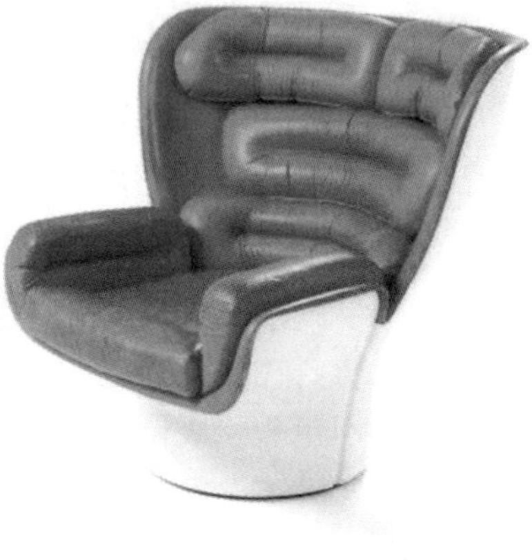

（b）

（c）

图1–4 Elda椅的设计过程

（a）构思草图 （b）家具实物 （c）使用场景

1.2 概念设计与商业设计

现实生活或工作中，特别是在家具设计这个行业，设计师经常会被要求设计的作品能大胆创新，同时又要确保有很好的市场反响。这就需要设计师在概念与商业之间寻找平衡。根据设计的出发点不同，家具设计可以分为两种基本形式，即概念设计与商业设计。

（1）概念设计

所谓的概念设计，就是将富于创造性的思想、理念以设计的方式予以延伸、呈现与诠释的过程或结果，以设计概念为主线并贯穿全部设计过程。它以创造性思维为设计基础，最终的产品形式可能是一种比较理想化的物质形式，换句话说，有时候设计出来的产品是为了表达某种理念，而没有综合考虑其制造成本、加工工艺或受众面。因此，并非每个创意都能最终成为产品，但毫无疑问，概念设计对创新具有非常积极的作用。

概念设计的出发点主要是为了表达设计师的设计理念。如巴西设计师坎帕纳兄弟［费纳多·坎帕纳（Fernando Campana）和阿贝托·坎帕纳（Humberto Campana）］于20世纪90年代设计的法维拉椅（Favela Chair，也叫贫民窟椅）（图1–5）。在巴西语中“Favela”代表着贫民窟或棚户区，这里的居民们经常会用四处寻来的木板条拼成挡风的隔板，或者拿它们制作晾衣架和修补车厢。兄弟俩将一块块碎木头杂乱无序地用胶与钉拼合而成法维拉椅，作为圣保罗街头涂鸦艺术的折射，反映当地的文化，充分展现出巴西人民修建栖身之所的宝贵智慧，释放出一股强烈的生存味道。整件家具制作材料便宜，构造简单，这也是兄弟俩所要表达的设计理念。正如他们在米兰接受Dezeen（全球最受欢迎且最具影响力的在线建筑与设计杂志之一）采访时说："Designers don't need access to expensive machinery or tooling to create highly successful products." 日常贫民窟生活中的凑合和得过且过被坎帕纳兄弟发掘出内在的活力，通过这把热情的椅子传递出来。2002年以来，这把椅子由意大利Edra家具公司用松木或柚木小木条花费大约1周时间纯手工制作。坎帕纳兄弟的灵感来自巴西人日常生活的智慧和当地丰富混杂的文化基因，把像桑巴一样对生命的激情注入设计，使得设计变成经过提纯的当地精神，成为经典的坎帕纳设计标签。这把法维拉椅目前被美国纽约现代艺术博物馆永久收藏。

再如兄弟俩的成名之作——1993年设计的红椅（Vermelha Chair，图1-6），一大堆意大利通心粉似的红棉绳反复缠绕在三条腿的铝质金属支架上。有一次，兄弟俩从街边买回了一大卷废弃的绳子，当看到绳子在桌面上摊开的形态时，他们立马意识到这就是他们想找的能代表巴西生活的材料。随后便有了这把用长达 500m的红棉绳缠绕而成的代表作Vermelha Chair，后被意大利家具品牌 Edra创意总监Massimo Morozzi发现，于1998 年开始由 Edra 生产，而在此前此椅子总共才售出5把。没想到这把椅子不仅为兄弟俩赢得设计界的关注，现在更成为美国纽约现代艺术博物馆、庞贝中心的永久性藏品。

图1-5 法维拉椅（Favela Chair）

图1-6 红椅（Vermelha Chair）

坎帕纳兄弟擅长运用意想不到的结合方式，将日常生活中橡胶管、棉纸、细绳等现存的廉价材料转化成色彩华丽的家具产品，这种转化能力给长期被现代理性主义统治的欧洲现代设计提供了另外一种鲜活的创意理念。

（2）商业设计

商业设计，为商品终端消费者服务，在提供设计服务的同时要为企业、品牌创造商业价值。商业设计是建立在对消费者与商业业态的把握基础上的，最终的产品形式必须是一种比较成熟的可以到市场上流通的商品。不论我们设计什么，都是在为用户服务，这一层面的同理心是很关键的。

需要强调的是商业设计并不是否定创新。相反，产品创新的重要性在任何时候都毋庸置疑。任何企业要保持健康持续地发展，开发新产品是必要的。市场营销的基本理论认为产品要经历引入、成长、成熟和衰退的生命周期。在成熟期或衰退期，企业必须扮演一个积极的角色：①扩展产品线，延长产品生命周期；②重新设计产品，保持其优势；③开发新产品，维持年收入。如果不能开发出新产品，当竞争加剧的时候，销售额和利润就会下降，技术和市场的改变或者其他公司的创新就会使企业现存的产品被淘汰。如果一个企业想获得发展和壮大，就不能忽视创新。

虽然成功的创新能带来回报，不进行创新要受到惩罚，但是向市场推出新产品仍旧伴随着风险。这样的案例举不胜举，新产品的失败率高，失败的成本也高。市场研究、产品开发、加工制作、市场扩展和测试工作等都需要在新产品推向市场之前投入巨额资金。由于并非每个创意都能最终成功推向市场，所以有很大一部分投资用在了那些永远都不可能有回报的产品上。

高的失败率和成本使得新产品开发具有风险。但是新产品开发是能够进行控制的，要把风险降到最低程度，把利润最大化。成功取决于许多因素：产品满足顾客需求的程度、产品相对于竞争产品的比较优势、竞争对手进行市场防御的惯用方式、目标市场的规模和增长率、企业是市场的先驱还是追随者、生产中成本和施工设计的优势、营销计划的创造性等。这些因素有一部分在企业的控制下，其余的则需要进一步调查市场、竞争者、制造工艺技术和潜在顾客等方面的信息。虽然这部分不那么容易控制，但他们所代表的风险还是能够被考虑和管理的，可以通过一定的方法与策略进行设计，这就是商业设计与概念设计的不同之处。

商业设计的主要目的是帮助企业创造商业价值，因此在设计时要以商业风险为第一考量因素，设计时以市场为导向，同时综合设计创意、生产工艺、竞争对手、企业自身具备的条件等多重因素，也可以称之为系统设计。一个优秀的商业设计师是一名注重商业成功、本质上遵循设计流程的设计师。也许在未来，我们都将成为商业设计师，商业设计会成为设计教育中不可或缺的一部分。

为确保商业的安全性，首先要分析市场上同类产品的优缺点，筛选并汲取其被市场所广泛接受的优点，再结合企业实际提炼出自己的特色，在此基础上开发出属于自己的新产品。这样设计出来的新产品也许并不一定给人耳目一新或强烈的视觉冲击力，但是却可以保证商业上的安全，将新产品开发失败的概率降到最低。这里的关键是对市场成熟度与创新度的把控。商业设计并不否定创新，它是更广义的创新，除了外观造型以外，还包括内部结构、功能细节、材料应用，甚至组合方式、产品线构建等多个方面，关键是以目标消费群所关注的方式存在着（图1-7和图1-8）。这里还涉及设计策略问题，如在设计民用套系家具时，一般一个家庭只有一个餐厅，只需一款餐桌，但不能只设计一款餐桌，因为即使目标消费群定在同一年龄段或同一地区，但其消费偏好还是会千差万别，有的喜欢长餐桌，有的则偏向圆餐桌，有的希望餐桌多些收纳功能，有的则会因空间有限希望能一物多用等。商业设计就要帮助企业在有限的条件下促成满足更多的消费需求。针对这些需求，可以在一些消费者比较关注的重点产品（沙发、餐桌、床）上多设计一些款式，增加消费者的选择性。

（3）概念设计与商业设计

人们习惯于排个先后，对概念设计与商业设计也一样。但实际上这两种家具设计形式不存在谁优谁劣的问题，有时候我们侧重概念设计，如绝大多数设计大奖赛多为了鼓励创新，偏重概念设计；而大部分企业的设计需求则更现实，希望有能够快速投入市场的产品，这时我们需要的是商业设计。正因为两者的出发点不同，所以各自采用的设计基础、设计方法、侧重点与最终产品形式等都会有所不同，在设计前务必先弄清楚设计的目的与出发点。此外，必须提出的是两者并不是完全对立，即并非概念设计就不能进行商业化，也不是商业设计就没有很好的创意概念，只是各自的侧重点不同。如果能将两者融合，同时达到较高的程度，那肯定是非常优秀的设计（图1–9）。

图1–7 穿衣镜（喜之林）

图1–8 穿衣镜（杰森）

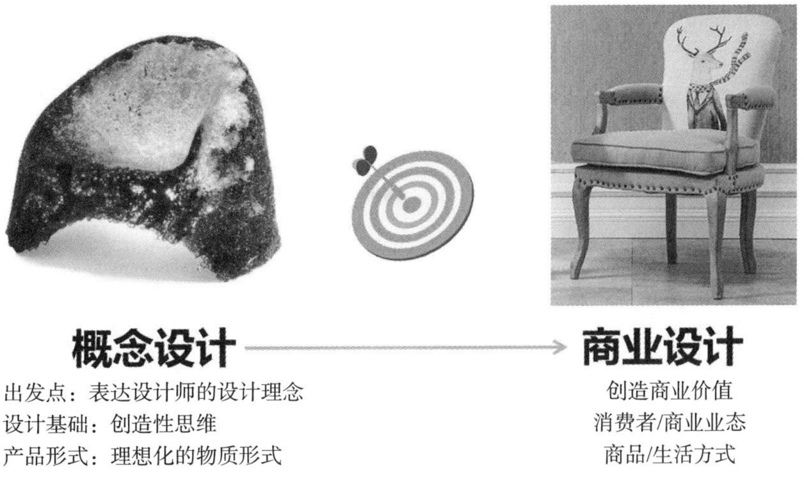

图1–9 概念设计与商业设计

开发产品和规划产品线如同将军布阵，每一种产品的使命不同，进行商品力的强化时方法各不相同，如同将军不但要善于使用精兵，也要善于使用弱兵、败兵，还要精于使用疑兵……于是，我们可以在新产品矩阵上进行适当配置，既有偏向概念、增加视觉冲击力的形象产品，概念设计的比重可以多一点；也有确保目标消费群所普遍喜欢的走量产品，商业设计的比重更多一点；甚至还有特意为促销或针对竞争对手而设计的竞争产品，可能更加关注的则是如何做到产品的性价比最高。

1.3 家具设计基本程序

因为概念设计与商业设计的出发点不同，所以其设计流程也会有所不同，这里就分开阐述。

（1）概念设计

概念设计侧重于创意的具体化与可视化表达，这类设计多属跳跃式创新的方法，是以发散式的思考刺激进行探索，形成归纳式的策略。主要可以分为概念、设计与实现三个阶段（图1-10）。第一个阶段为概念阶段，主要从发现问题、形成概念开始，然后分析问题，发展解决策略；第二个阶段为设计阶段，将前面形成的概念与解决方案通过设计图纸表达出来，绘制设计图纸过程进一步精练并不断优化设计方案；第三个阶段为实现阶段，准备好材料、设备等素材，将设计图纸转变成实物形式，在打样过程中不断精练与优化，打样结束要进行设计实物评估，不合理的地方进一步优化，待达到基本满意后投入市场，并记录市场中用户、厂家、销售商等各方面的反馈后不断完善。

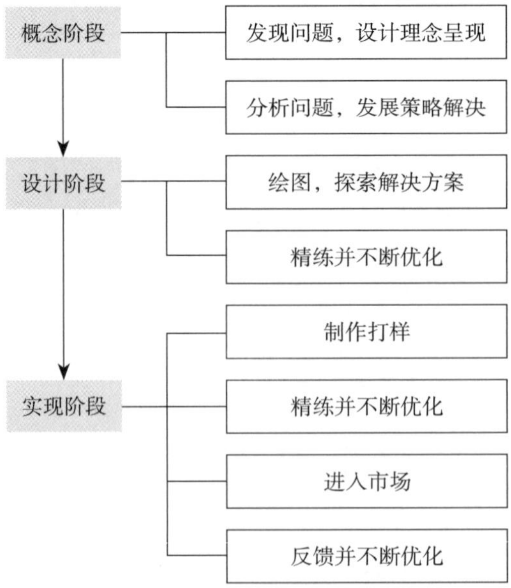

图1-10 概念设计基本程序

（2）商业设计

家具的商业设计因为涉及的因素较多，其设计程序也相对复杂一些。商业设计多数受企业委托，虽然通常来说，企业一旦产生设计需求，恨不得第一天委托你设计，第二天就能看到设计成果，但显然这种可能性是零，即便我们马上埋头设计成稿，也是盲目与不合理的。所以，商业设计的第一步需要从解读设计需求开始（图1–11）。这一步往往关系到后面设计的方向正确与否，因此也是最关键的一步，但也是最容易被我们忽视的一步。企业委托设计时，往往只是初步形成一种需求，概念比较模糊，设计需求多停留在简单的语言表述，没有具体的图片形式，更没有较为详尽的设计细节要求，这就需要我们在设计项目正式进行前，要通过进一步的沟通深入了解企业的设计需求。

商场如战场，商场是没有硝烟的战场。“知己知彼，方能百战不殆。”这里的“知己”就是定位，这里的“知彼”就是调研（图1–12）。初步定位包括目标消费群的定位（年龄、阶层、地域等）、商业模式定位（线上线下销售、招商或直销等）、产品形象定位（风格、色彩、材料、工艺等），这些定位有利于后面的工作有效展开。

成功的设计都将市场调研作为设计过程的一个重要环节。在充分进行市场调研的基础上进行产品开发设计，这几乎已成为新产品设计产生的必由之路。家具市场更新变化较快，顾客的需求各不相同。通过市场调研，可以了解整个行业及经济环境，了解国内外流行趋势，及时掌握企业竞争者的动态，了解消费者的真实需求，能够发现新的商机与需求，还可以发现企

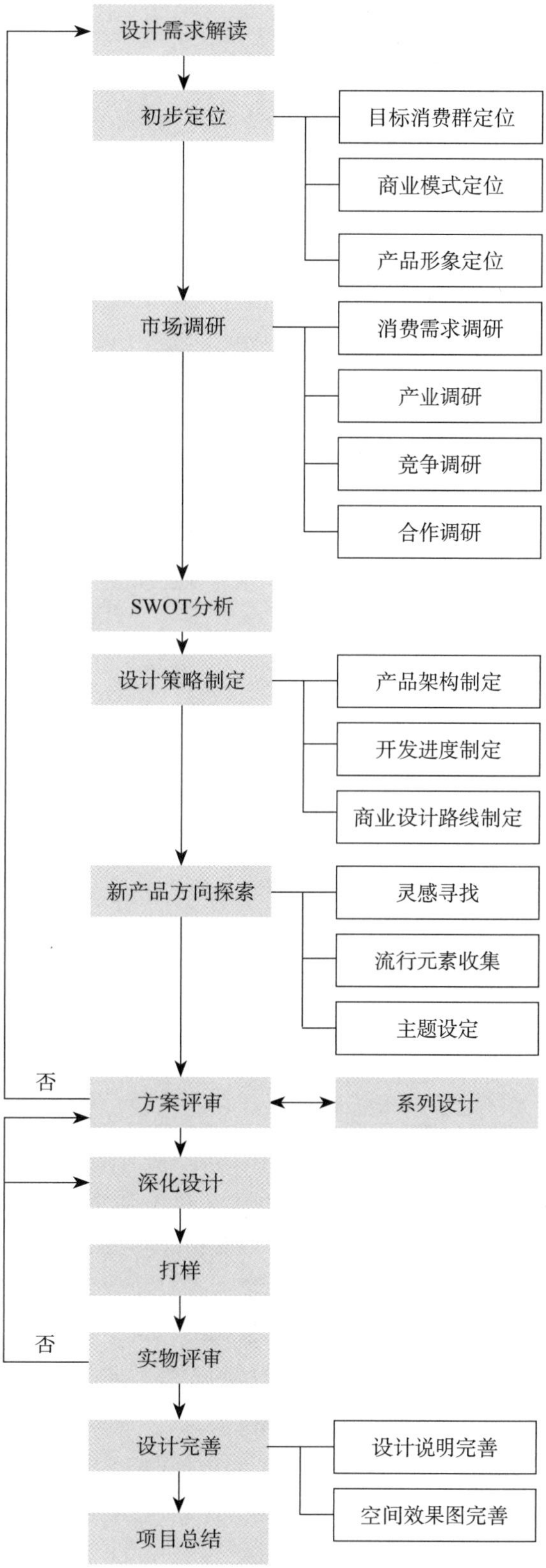

图1–11　商业设计基本程序

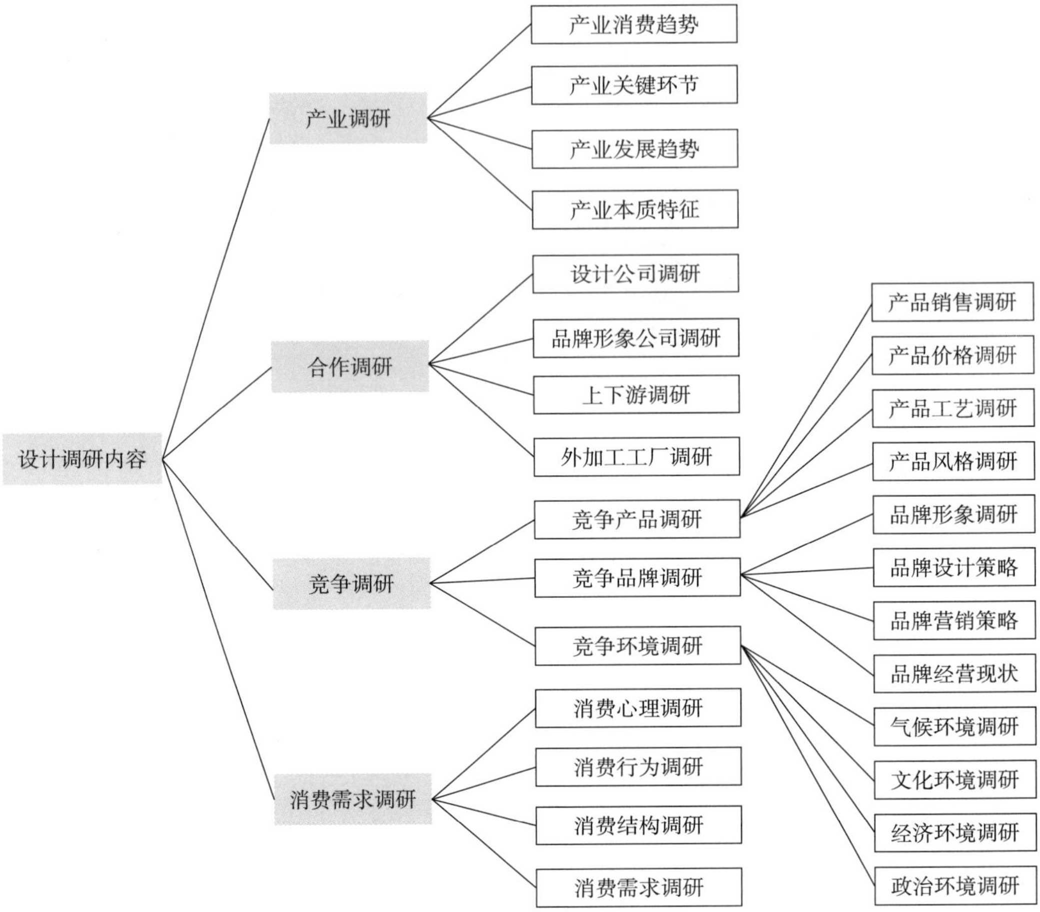

图1–12 设计调研内容

业产品的不足及经营中存在的问题，预测未来市场可能发生的不利情况，以便及时采取应变措施，减少企业的损失。

SWOT分析法多在企业制定发展战略时应用，也一样适用于家具新产品开发阶段。S（Strengths）是优势、W（Weaknesses）是劣势，O（Opportunities）是机会、T（Threats）是威胁。利用这种方法可以对家具新产品所处的情景进行全面、系统、准确的研究，可以从中找出对自己有利的值得发扬的因素，以及对自己不利的要避开的东西，发现存在的问题，找出解决办法，并明确以后的发展方向，从而制定相应的设计策略。

设计策略，就是以发展自己、超越对手为目的，以争夺消费者、市场为主要内容，所展开的一系列全面性、长远性的谋略。家具新产品开发设计策略的制定，包括产品架构（新产品开发矩阵、主辅材料、油漆、配件等）、开发进度、商业设计路线（设计特色、差异化路线）制定。

家具设计最终需要以图纸形式形象展示出来，前述步骤尚都停留在概念形成阶段。新产品方向探索，是在上述研究基础上通过寻找灵感、收集流行趋势以及主题设定，最终以视觉化形式表现设计理念。家具是人们日常生活用品，因此家具设计就是设计一种生活方式。为了更好地表达设计理念，这里建议在新产品概念阶段，最好以常见空间场景效果图（图1–13和图1–14）与家具单品设计效果图方案（图1–15）结合的方式呈现。

图1–13　餐厅空间（东方冠雅）

图1–14　就餐空间（东方冠雅）

图1–15　餐桌设计方案（东方冠雅）

在接下来与企业交流方案评审阶段，为提高沟通的效率，建议将前期研究与新产品设计概念汇总成一个PPT新产品设计提案报告或小视频。沟通前可以先简单介绍一下前期调研情况与分析情况，然后再展开新产品设计概念的阐述，完整呈现全面构思、选择、组合、设计的全过程。这个阶段可能出现两种结果，一种是新产品概念方案十分吻合企业需求或总体符合企业需求但尚有局部细节调整，待调整后就可以往下一步进展；第二种可能是新产品概念方案没有很好地抓住企业需求，那就回到第一步重新开始。

经过与企业交流沟通确认的设计方案，可以进一步深化设计，绘制家具结构图纸以便企业进行1：1打样。企业打样可以采用较为便宜的其他材料替代，主要是为了把握尺寸比例美感。当然也可以直接用目标主材打样，这样更能真实表达出最终效果。与此同时，需要督促企业进一步落实油漆样本与五金配件样本。新产品设计开发如同一台机器，设计、原辅材材料采购、制作工艺、销售等环环相扣，要确保机器的正常运转，每个环节都不能松懈。打样后的产品还需要进行每个细节的评审，包括比例、尺寸、刀型细节、结构工艺等，不足的地方及时调整，以达到给消费者呈现尽可能的完美形式。

在企业进行实物打样过程中，设计团队可以根据既定产品矩阵进行系列产品的延伸设计。整个产品系列设计方案完成以后，还需要进行设计说明完善，包括设计理念的提炼，不仅有利于企业后期推广，也有利于消费者解读设计作品。因为设计过程中很多家具单品设计方案在不断完善调整，所以等所有设计方案确认后，需要以每个空间的主件，如客厅的沙发、卧室的床、餐厅的餐桌、书房的书桌、茶室的茶桌为标准，按可能采用的配置方式进一步将空间效果图调整完善给企业。

家具设计到这里基本告一段落，但为了应对变幻莫测的市场，需要及时跟进整个新产品推广的各个阶段。家具设计是个系统工程，家具单品最终会以场景形式呈现，所以在完善产品设计后，还需要家具展厅设计与软装配饰。后期工作的完善与否直接影响家具新产品的推广，因此还需要做好积极的配合协调工作。此外，及时了解市场推广情况，掌握消费者反馈，并在此基础上做好设计反思与总结，它的重要价值不仅体现在当下，重要的是对未来设计提供参考。

1.4 家具设计文档

概念设计主要是为了表达设计师的设计理念，所以其设计文档通常只包括设计图纸。相比之下，商业设计的步骤较为复杂，设计文档也相对较多。商业设计的设计文档是设计师交给客户的技术文件。一个规范的家具设计文档，不但能够提高家具设计的工作效率，同时也方便设计师与其他部门技术人员之间的交流，快速完成相关的产品开发任务。商业设计的设计文档兼具设计展示、上下游协作、过程记录、设计管理等多种作用，一般至少具有以下几部分内容：

（1）设计方案推荐文档

设计方案推荐文档是方案评审阶段需要准备的文档。设计方案的评审，我们不能只是简单呈现设计方案。我们所做的设计方案是建立在前面的每一个步骤基础上得出的，是有针对性的，这些内容虽然没有统一规范或格式，但应该将前面每个步骤的图文资料条理清晰并简明扼要地列出来，放在设计方案前面，与设计方案汇总在一个PPT里呈现（必要时可以用多媒体动态声像形式展示），方便与企业或其他部门技术人员沟通，具体包括以下主要内容：

① 解读设计需求：将零碎的需求整理成清晰的文字与图表描述。

② 设计调研：包括产业调研、合作调研、竞争调研、目标消费需求调研与分析。

③ SWOT分析。

④ 提出设计定位与策略。

⑤ 设计方案呈现文档：即视觉化设计概念。通常先提出总体设计理念，然后以1～2个空间的家具设计方案为范本呈现，包括该空间家具配置场景效果图、该空间每件家具的2～3个视角的效果图并标注外形尺寸。注意要将主要的设计理念以图的形式充分表现出来，需要时可以用文字加以说明。后续的延伸设计也是以这样的文件形式呈现。

这部分文档，除了条理清晰地呈现以外，还需要设计师利用语言来准确、恰当地辅助说明。乍看起来，设计方案是靠图形、图像、模型等来说明问题的，语言是设计服务内容中没有要求的部分，但事实上，很好地运用语言来说明设计方案在产品设计全过程的各环节占有十分重要的作用，尤其是产品设计概念、创意及造型设计方案的交付环节。好的“说”设计，依赖于解说者对设计方案的全面深入了解，还有赖于解说者的逻辑思维能力、语言表达能力及综合素质。

（2）设计方案确认单

设计方案确认单是设计评审阶段的一个文档。设计评审后，只有经过确认的产品才能进一步进行图纸的深化（施工图绘制）。设计方案的评审可以由企业各个部门的主要技术人员参与，每个人从自己的岗位立场出发进行评价，而不是天马行空发散式表达意见。因为没有任何一件产品能满足所有人的各种需求。如果没有聚焦目标消费群，不是从各自岗位出发去评价，最终得不出任何结论。这个时候更需要企业家根据既定目标，组织有序发表合理意见。为确保工作的顺利开展，避免各部门的无效工作，还需要对确认的产品由设计师与企业双方代表签订书面“设计方案确认单”，目的是规范设计流程，责任到人。

（3）生产图纸文件

生产图纸文件俗称施工图文件，要求清晰表达家具的外观形状及结构，主要包括1∶1绘制的家具三视图、半剖图、局部详图、标注尺寸、主要材料、技术要求、修改记录等基本信息。设计部门可以不拆图，即不提供零部件图纸。此部分工作建议由企业工艺部门协助完成，因为不同的加工工艺可能会对设计方案作一些调整，工艺部门可以在不改变设计外观造型与设计理念的基础上，根据企业生产加工工艺现状对工艺结构进行优化，做到优势互补，更好地配合完成设计方案的呈现。生产图纸通常采用AutoCAD软件绘制，以dwg格式文件存储。

为方便管理、规范文件，每件家具产品采用合理编号并建立一个文件夹（图1-16），文件夹内包括以下文件：生产图纸（dwg文件）、家具效果图（jpg文件，2～3个以上视角，有需要特别表述的具体细节等）、家具模型文件（3DS文件或相应贴图打包文件）。

（4）空间场景效果图更新

设计过程中存在各种调整与修改，若有单品设计方案进行调整，那么其涉及的空间场景效果图也需要进行相应的调整更新。空间场景效果图主要是为了展示家具的布置形式、生活方式以及家具所能烘托的空间氛围。家具设计项目一般以每个空间的主件为标准，进行渲染相应数量的空间场景效果图，如客厅的沙发、卧室的床、餐厅的餐桌、书房的书桌、茶室的茶桌、门厅的门厅柜等。

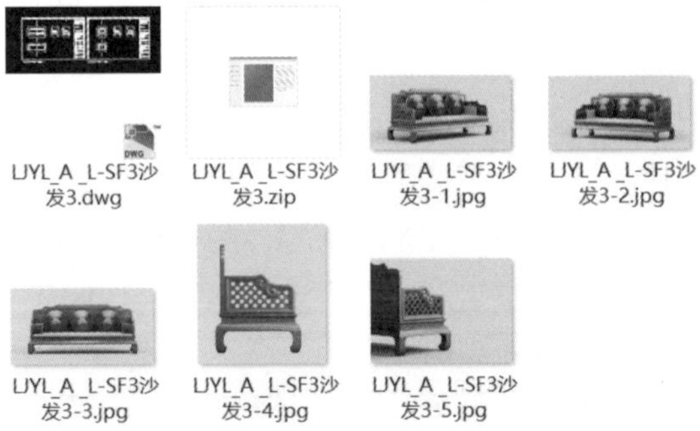

图1–16 施工图文件夹（卢家艺林）

（5）整体设计方案确认档

整个设计项目的设计方案多是分批次进行设计评审，加上设计过程中存在各种调整与修改，因此在一个项目的所有设计方案完成时，需及时更新完善整体设计方案确认档，主要将设计评审阶段的PPT文档按空间排序汇总，并完善整个设计项目的设计理念以及每件家具产品的设计特色。

1.5 家具设计职务分析

家具设计项目通常需要多人协作才能完成。一个设计项目的参与人员的集合就是设计项目团队，它随着设计计划而产生，并伴随计划的进展而不断改变形态，随着设计项目结束而解散。在团队合作过程中，各人的职责与任务要明确，以便分工与管理，做到术业有专攻，各司其职（图1–17）。

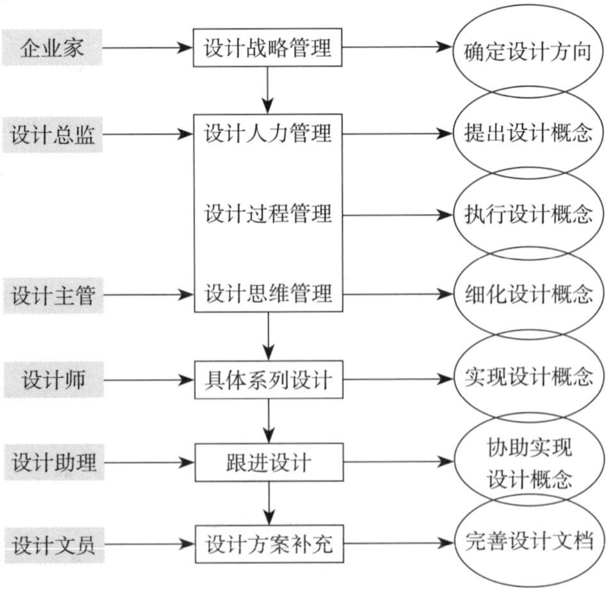

图1–17 职务分析

（1）企业家：对设计的战略管理

企业家是指从事组织、管理并承担经营风险的人。优秀企业家的基本素质是拥有梦想并具有把梦想变成现实的顽强毅力。建立一个新的家具品牌往往源于企业家的梦想和盈利的市场前景预测。对于一个新的家具设计项目，企业家扮演了指挥家的角色，对设计进行战略管理。他在了解家具市场潜在需求的情况下，确定设计方向，设计团队要做的就是朝着这个方向进行家具设计。

作为家具企业的最高领导者，在设计项目进展中必须做到“三要一不要”。

三要：

① 要明确自己的述求，对家具产品、家具行业、家具市场、企业自身特点、目标消费群等有深刻的理解；

② 要对设计项目的顺利开展进行及时监督，并亲自或指定专人对设计方案确认进行决策；

③ 要协调各职能部门各尽其责，配合设计团队无缝合作。

一不要：不要干涉设计团队的具体设计工作，专业的事交给专业的人去做就行，相信设计团队的专业能力。

（2）设计总监：对设计的品质把控

设计总监又称创意总监、艺术总监、首席设计师或设计导师。企业内部设计部门的主要负责人为设计总监，专业设计机构的创始人通常兼任设计总监。设计总监在设计项目中最关键的职能就是寻找和确定与企业内在文化与未来的发展方向，并对整个设计项目进行品质把控。设计总监必须深入解读企业家提出的新产品开发需求，在对各方面信息整理分析后，提出设计概念，制订家具设计策略与计划，并将这个设计概念渗透到整个产品开发过程。

设计总监一般是本专业的资深人士，不仅要有较高的艺术文化素质、设计能力，还必须有丰富的市场经验、较强的沟通能力、较高的整体把握能力和分析能力，要根据自己的理解收集、整理相关信息并及时传达给团队成员，调配各种资源去解决问题，同时具有较高综合素质的高级设计管理人才。时代的发展瞬息万变，如何紧跟时代、赶上潮流，设计总监开放、积极的学习心态至关重要，否则会很快被时代的浪潮淹没。当然，专业第一不该是设计总监的目标，好的设计总监要允许设计成员的设计能力比自己更好，但作为设计总监，眼界应该更高，心胸应该更加开阔。设计总监的价值在于成就设计师的价值和成长、补全团队的忽视和缺失、思考战略和强化执行，让团队和每位成员都更出色。

（3）设计主管：对设计的上传下达

设计主管又称项目经理、设计组长。与设计总监的区别在于，设计总监可能同时监管几个设计项目，而设计主管则只负责一个设计项目。设计主管是联系设计总监与设计师之间的纽带，起到承上启下的作用。对上，协助设计总监完成整个设计项目的各项事务，必须具有规划、执行、沟通、协调、服务、调控等能力；对下，是设计团队的教练，带领和督促设计小组按时、按质完成设计任务。设计主管也要承担设计项目的主要及重要的设计任务，所以设计主管本身要具有较强的设计能力及较高的整体把握能力，甚至在某些设计方面赶超设计总监。

（4）设计师：对设计的执行

设计师可以细分为两类：造型设计师与结构设计师。

造型设计师负责艺术创意，根据设计总监或设计主管完成的设计概念进行具体的家具产品单品与系列设计。造型设计师要立足于目标消费者的设计观念，可以将某一特定的灵感进行变化和延续设计，形成统一中有变化的系列产品，会用恰当的设计表现手法在规定的时间内将设计理念清晰地表达出来，所以造型设计师应具备一定的设计技能与领悟能力。

结构设计师负责技术解决方案，主要是将客户确认的设计方案绘制成与企业工艺部门对接的结构工艺图，以便很好地实现生产。结构设计师需要在熟悉家具的生产工艺流程、家具结构、材料性能的同时，对家具功能尺度、比例美感、刀型细节等能够更好地把握。结构设计师不是简单地将造型设计师的设计方案转换成结构图纸，因为处于造型设计的后端，因此更要起到检查设计方案的作用。

（5）设计助理：对设计的协助

设计助理的主要工作任务就是协调设计团队的工作，如寻找主辅材料、五金配件、油漆色板等，并收集整理相关信息素材。

设计任务是烦琐的，其中最琐碎的工作是帮助企业确定各种辅料与配饰件、相关工艺的外协沟通等。这就需要设计助理认真、细致、有条理。

（6）设计文员：对设计的补充

设计文员的主要工作是协助整理设计各项资料，如流行信息资料、设计计划书、设计任务分配表、设计进度表、设计图稿、会议记录、各项通知等，协助完成设计主管的各项管理工作，因此要求设计文员除了具备一般文员的基本技能以外，还要有一定的家具设计专业知识。若有较好的文字功底，能协助设计文案的完善，也是一个不可替代的重要角色。

在设计工作中，团队协作一直扮演着十分重要的角色。我们在立足本职岗位、踏实做好工作的同时，要学会在团队中与人协作，并不断提升自己。

1.6 设计评价

设计不是“1+1=2”这样简单的算术，实际上设计是没有标准答案的。同样的命题，同样的条件下，不同的设计师会做出完全不同的设计方案，所以设计很难有统一的评价标准。当初悉尼歌剧院的设计稿是从垃圾桶里找出来的，这就是很好的例证。什么是好的设计？这是一个永远争论的话题。因为有部分优秀的设计不会带来利润，但会载入史册；也有很多创造了很多利润的设计，却并不一定让大家记住。但这并不影响我们做好设计的决心。

到底什么样的设计才是好的设计呢？是不是只要设计出美的产品就是好的设计？在寻找答案前，我们先来看以下几个实际案例——两款餐桌与两款沙发的设计方案（图1–18至图1–21）。

这几个方案都是我们在给家具企业设计服务时提供的实际设计方案。这里先请大家分别给餐桌与沙发投票，在你的心目中哪款餐桌、哪款沙发设计得更好一点，称得上好的设计？并给出你的评判标准。如果有更好的修改建议，也不妨大胆提出来。

图1–18　餐桌设计方案

图1–19　餐桌确认方案（联邦家私）

（a）

（b）

图1–20　沙发设计方案
（a）透视图　（b）局部细节

（a）

（b）

图1–21　沙发确认方案（喜之林）
（a）透视图　（b）局部细节

这两款餐桌设计的整体风格基本一致，简约大方，刚中有柔。桌面形式完全相同，采用长圆形式，大理石桌面。两者的主要不同就在于脚架，图1–18餐桌采用多重交叉组合，形成节奏与韵律美感，脚架交叉方向与桌面长度方向一致，大气稳重。考虑到生产成本，同时鉴于脚架位于桌面下方视线不常注意到的位置，于是将其简化成图1–19这样的餐桌形式，腿部交叉设置在桌面长度方向两侧，两者之间加拉横档，形成稳定的腿支架结构。

这两款沙发结构形式基本相同，采用中间座框，两侧加上扶手，座面与靠垫采用独立形式，与木框架分离，扶手前后宽窄变化，整体造型圆润饱满，凸显实木的价值感。两者最大的不同在于两侧扶手的处理方法。图1–20沙发扶手木框架中间嵌入皮软包形式，中间缝制直线，增加造型的简约现代感。图1–21沙发扶手侧面软包部位改用实木数控铣型，图案形式与图1–20沙发完全一致。

不用统计，我们也可以想象到每个设计方案都会得到一定的选票，因为我们每个人的出发点不同，所以评判标准是不一样的，得到的结果不同也是理所当然的。但这并不意味着我们无论怎样设计都可以或者都可以算得上好设计。若想知道企业最终选择哪款产品进行生产并投放市场，我们可以不妨深入消费市场与企业，多了解一些他们的需求后再回过来看，也许答案就能清晰地呈现在我们眼前。

设计没有绝对的对与错、好与坏，只有谁更适合。一项设计能不能称得上好的设计，就看有没有达到最初设定的设计目标。如果我们当初的设计目标设定为表达一种设计理念，而最终的设计作品能够表达出打动人心的设计理念，那就是好的作品。所以很多设计大奖赛的作品主要是通过打动评委来做出判断的。如果我们当初的设计目标设定为帮助企业创造商业价值，而我们的设计作品最终能获得很好的销量，则就是好设计。所以商业设计得好与不好，最终需要市场来检验。当然，这其中会涉及很多因素，如生产工艺、软装配饰、销售环节等，可谓环环相扣，其中只要有任何一个环节出问题，就可能直接将好设计扼杀在萌芽状态。总而言之，对于商业设计而言，好的设计就是打动更多的目标消费者。换言之，设计需要用户思维。

1.7 基本技能与基本素养

有再好的天赋、再好的设计理念、再了解消费者的需求，但如果没有掌握好一些设计相关的技能与素养，一切都是空谈。

（1）基本技能

理论上讲，家具设计作为一门应用型的交叉学科，几乎所有学科都可能与其有关。作为科学技术性的一面，它涉及自然科学和社会科学的众多学科领域，包括数学、物理、化学、生物学科、人体工程学、材料科学、环境工程学、市场经济学、心理学、制造工艺学等；作为艺术性的一面，它涉及美学、审美心理学、符号学、史学等。然而每个人的时间与精力总是有限的，要想在有限的时间内学习完以上所有的学科是不可能的，也是不现实的。但是没有基本的设计技能，设计师就无法将头脑中的构思转化为实际的产品。作为一名家具造型设计师，除了必须掌握家具设计相关基础知识以外，还应该具备几项技能（图1–22）：

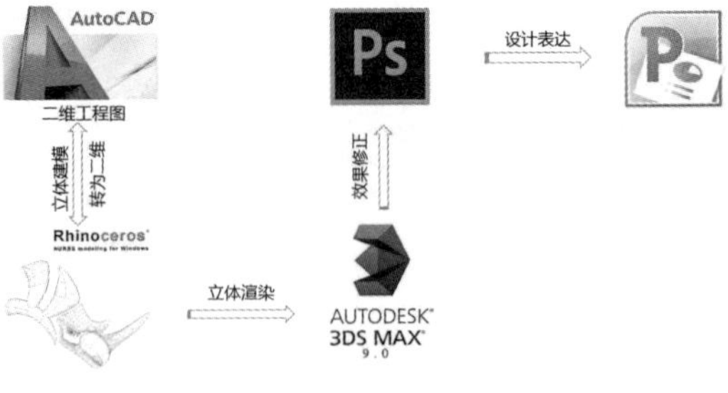

图1–22 家具设计常用设计软件串用流程

① 快速构思草图

作为一名设计师，应熟练掌握构思草图的快速表现技法，下笔应快而流畅，帮助抓住稍纵即逝的灵感火花，同时方便与人沟通。

② 熟练使用二维绘图软件AutoCAD

对于家具设计，AutoCAD主要作用是二维施工图的绘制。有时设计师也会用来建模前辅助绘制精确的三视图，然后导入三维软件建模。

③ 熟练使用三维造型软件Rhino3D

Rhino3D对家具设计的主要作用是立体建模，它可以满足产品复杂、曲面、局部微量细节的三维建模需求。

④ 熟练使用三维造型软件3DS Max

3DS Max对家具设计的作用在于立体建模的渲染和动画演示，立体渲染主要是材质的模拟（材质贴图）和光影及环境的模拟。

⑤ 熟练使用二维绘图软件Photoshop

Photoshop对家具设计的主要作用在于对渲染图形的修整与图像润饰。

⑥ 熟练使用演示文稿软件PowerPoint

PowerPoint主要是辅助设计方案的呈现与沟通。

掌握并熟练使用各种基本技能，不仅可以提高设计效率，还使得设计效果、设计精确性、设计耗费等都能达到最佳状态。这些软件就是设计师的画笔，熟悉各常用设计软件的特性与文件格式，以及能够打开、导入和导出的功能及属性，用其所长、避其所短，就能更好地表达自己的想法，并从事设计工作。

当然，随着技术的发展，需要具备的基本技能也在不断改变，如近来随着虚拟现实技术（VR技术）的成熟，如果设计师再掌握三维动态展示或视频展示技能，则在设计工作中可有更大的发展空间。也许几年前你还在学习效果图，后来开始学习3DS Max电脑绘图，再后来又变成Rhinoceros了，或者你工作后会用到Form-Z、Topsolid、Alias等其他软件。设计师必须与时俱进，“活到老，学到老”是设计师的真实写照。

（2）基本素养

素养即修习涵养。设计师的素养和技能同样重要，甚至更为重要。对大多数人而言，只要花费一定的时间，掌握某项技能往往并不难。但是设计技能并不等同于设计，会用某种造型软件并不意味着会做家具设计。知识面狭窄、个人素养较差的人往往工作一段时间后就会感觉灵感枯竭、力不从心。如果你忽视自己各方面素质的培养，你就会成为无源之水，因为良好的个人素养和知识结构是创造力的源头。设计师应该具备的基本素养包括以下几个方面：

①学习能力

学习如逆水行舟，不进则退。作为一名设计师，需要不断学习，因为市场日新月异，人们的审美也在不断发生着变化，甚至各种工艺、材质也在不断推陈出新，设计师如果不经常充实自己的大脑，那就只能止步不前，也就很难跟上行业的步伐，很难设计出适应潮流的作品。

设计师需要的不是死的知识，而是多学科的文化素养、合理的知识结构。国外对设计师知识结构做了这样的测定：

30%的科学家（要了解科学技术的发展）；

30%的艺术家（要有好的审美能力）；

10%的诗人（要有创造的激情）；

10%的商人（要了解商业的需要）；

10%的实业家（要把设计当成一生的事业）；

10%的推销员（要了解用户的心理和需求）。

这是对设计师很高的要求。实际上，设计师的一生都需要不断学习。如果要设计儿童家具，你就要学习儿童心理学和儿童生理学；如果要设计茶家具，你就要学习茶文化、茶艺和茶道；如果要设计红木家具，你就要学习红木知识、榫卯结构和家具史学。设计师必须活到老学到老，因此要具备很好的自学能力。

② 审美素养

设计师并不是天生就有异于常人的审美眼光或品位，而是通过不断提高自身的修养，丰富视野和身心，从而达到一定的境界。设计师首先要知道什么是美，在形态、比例、尺度方面具有很好的鉴赏力，对空间架构有敏锐的感受能力，才能设计出美的作品。

③ 团队协作能力

现代社会竞争日趋激烈，一个设计项目的成功运作，越来越依赖于一个优秀的团队，而不仅仅是某一位设计师。“1+1>2”，这就需要设计师在团队中有很好的协作能力。对于每位设计师，不仅要有个人能力，更需要有大局观，要有在不同的位置上各尽其能、与其他成员协调合作的能力。

④ 沟通能力

设计方案得到客户认可的前提是让客户了解我们的设计方案，因此设计师的沟通能力非常重要。乍看起来，设计方案是靠图形、图像、模型等来说明问题的，语言是设计服务内容中没有要求的部分，但事实上，很好地运用语言来说明设计方案在设计全过程的各环节中具有十分重要的作用，尤其是在设计概念、创意及造型设计方案的交付环节。

设计师的沟通能力，依赖于对设计方案的全面了解，还依赖于个人语言表达能力及个人内在综合素质。

⑤ 眼界

设计师的眼界一定要高于常人、远于当前，在思想上走在行业之前，这样才能做出好的创意设计，否则仅仅是一个有技术的普通人，称不上设计师。所谓眼界可以从书本、他人经验、历史获得一部分，还可从自己走出去的所见所闻和经历获得。

⑥ 职业操守

做对得起客户的设计，做尽量环保的设计，做尊重他人的设计，做按进度安排的设计。

有人说，你把时间花在哪，而你就会成为什么样的人。作为对设计有想法的设计师，爱生活、爱艺术、爱设计，那么他的审美修养将会体现在他的工作中、生活中、融入到血液里，会不知不觉中用设计传达一种积极、阳光的生活态度和生活方式。

本章小结

（1）从家具设计的概念出发，阐明家具设计的目的就是解决问题，家具设计既是技术又是艺术，现代家具设计属于工业设计范畴，是服务于消费大众的一种服务。

（2）由于出发点不同，家具设计分两种基本形式：概念设计与商业设计。

（3）因为概念设计与商业设计的出发点不同，所以有其各自不同的设计流程。

（4）设计文档是设计师交给客户的技术文件，兼具设计展示、上下游协作、过程记录、设计管理等作用。

（5）现代家具设计需要团队协作，需要分工明确，各司其职。

（6）在设计前要明白什么样的设计才是好的设计。

（7）想要成为一名优秀的家具设计师，需要具有一定的基本技能与素养。

作业与思考题

（1）请收集整理巴西设计师坎帕纳兄弟的设计作品，并归纳其设计特色。

（2）家具概念设计与商业设计的基本程序有何不同？

（3）家具设计的出发点可以分为哪两类？这两类家具设计有什么不同？它们之间是绝对对立的关系吗？

（4）请找出一名知名家具品牌创意总监，并收集整理其设计作品与设计特色。

（5）设计项目中企业家与创意总监的主要作用分别是什么？

（6）家具设计师应具备哪些基本技能与基本素养？

（7）什么样的设计是好的设计？

第2章　设计调研

在实际设计项目中，开发家具新产品之前，需要知己知彼，方能百战不殆。这里的“知彼”就是调研。设计调研是以设计为目的，进行收集信息、分析信息、研究信息的工作。

2.1　设计调研概述

2.1.1　设计调研的作用

现代成功的设计是把设计调研作为设计过程中一个重要环节。在充分进行设计调研的基础上，进行产品开发，这几乎已成为新产品设计产生的必由之路。家具市场是不断变化的，消费者的需求各不相同。通过设计调研，可以了解设计竞争环节，寻找市场需求，了解目前的消费市场存在哪些细分市场，哪个细分市场的需求是本企业的设计力量和制造力量可以满足的，这个细分市场已经存在着哪些竞争者，他们的产品有哪些优点和缺点，本企业的竞争优势和劣势是什么。

设计调研能够帮助设计师跳出以自我为中心的设计观念局限，从个人思维换位到用户（包括消费者与企业）思维，逐步体谅、理解用户，了解用户对具体产品的功能需求、价值评定、审美观念等。

设计调研是设计师应该具备的基本职业思维方式和行为方式之一，是设计师应该具有的能力和知识，更是设计过程必不可少的步骤之一。

设计调研的内容概括起来包括产业调研、合作调研、竞争调研与消费需求调研四个方面。因合作调研涉及面较为宽泛，这里就不展开讨论。

2.1.2　设计调研的方法

调研方法的选择对调研结果的准确性影响很大。设计调研的方法有很多种，主要可分为定性调研与定量调研两大类。

定性调研是在一群小规模、精心挑选的样本个体上的调研，该调研不要求具有统计意义，但是凭借调研者的经验、敏感度以及有关的技术，通过观测、实验和分析，能有效地洞察研究对象的行为和动机，以及可能带来的影响等。具体目的是深入调研对象的具体特征或行为，进一步探讨其产生的原因，即主要解决“为什么”的问题。常用的定性调研方法有用户访谈法、观察法、案例研究法、焦点小组法等。

定量调研是指确定事物某方面量的规定性的科学研究，就是将问题与现象用数量来表示，进而去分析、考验、解释，从而获得意义的研究方法和过程。定量，就是以数字化符号为基础去测量。定量调研通过对调研对象的特征按某种标准做量的比较来测定对象特征数值，或求出某些因素间的量的变化规律，即主要解决“是什么”的问题。常用的定量调研方法有实验法、社会测量法、问卷法等。

定性调研与定量调研方法有很大不同，在同一个研究中，往往两种方法结合应用，从而发挥两种方法各自优势（表2-1）。

表2-1　定性调研与定量调研

调研方式	目的	样本	数据收集	数据分析	结果
定性调研	对潜在的理由和动机求得一个定性的理解	由无代表性的个案组成的小样本	无结构的	非统计方法	获取理解，共同形成决策方案
定量调研	将数据定量表示，并将结果从样本推广到所有研究总体	由有代表性的个案组成的大样本	有结构的	统计方法	建议最后的行动路线

2.1.3 设计调研的流程

（1）明确调研目标与方法

调研的第一步，也是最重要的一步，就是明确调研目标，并根据目标选择正确的调研方法。在这个过程中，我们需要对调研需求进行分析，明确调研希望解决的问题及具体内容，同时初步确定调研将采用的方法。

（2）制订调研计划

在明确调研目标与方法之后，需要制订详细的调研计划。对整个调研的细化，能帮助我们在调研过程中明确方向与重点，在实施过程中把控时间节点，并对结果的输出具有大致的方向。

（3）执行调研过程

不同的调研方法在具体执行过程中会遇到不同的问题。下面列举几种调研方法的适应场景与方法组合。

① 焦点小组——定性

焦点小组是一种多人同时访谈的方法，6～8人为宜。聚焦在一个或一类主题，用结构化的方式揭示目标用户的经验、感受、态度与愿望，并努力客观地呈现其背后的理由。用于产品开发早期，重新设计或者周期迭代中。善于发现用户的愿望、动机、态度与理由，利于对比观察，是很好的探索方法，但是不能用来证实观点和判断立场。

② 卡片归纳分类法——定性

卡片法是以卡片为载体来帮助人们做思维显现、整理、交流的一种方法。便于整理，随时抽取，方便查找，还可以将不同时间记下的信息做比较、排列。常用于产品目的、受众以及特性的确定，但在开发信息架构或设计还未确定之前，这种方法处于设计的中间环节，也广泛用于创造性思维的激发方法中，比如在头脑风暴法中使用。

③ 问卷调查法——定量

问卷调查是指调查者通过统一设计的问卷来向被调查者了解情况、征询意见的一种资料收集方法，是发现用户是谁和他们有哪些意见的最佳工具。问卷类型分为结构问卷、无结构问卷和半结构问卷。问卷调查省时省钱省力，不受空间限制，利于做定量的分析和研究。

④ 可用性测试——定量

可用性测试是一种基于试验的测试方法，6～10名为宜。在于发现人们如何执行具体任务，因此用这种方法来检查每个独立特性的功能点向预期用户展示的方式，是发现可用性问题最快、最简单的方式。

⑤ 问卷法和焦点小组——定性和定量

这种组合是将定性和定量的方法结合起来，如通过定量的问卷发现人们行为中的模式，通过焦点小组对造成这些行为的原因进行研究。反过来又可以再通过问卷法来验证这个解释。如此交替的调查方式在实践中经常使用。

（4）输出调研结果——调研报告

调研报告是整个调查工作，包括计划、实施、收集、整理等一系列过程的总结。调查报告的主要内容是事实，主要的表现方法是叙述。但调研报告的目的是从这些事实中概括出观点，而观点是调研报告的灵魂。因此，拥有大量材料，不一定就能写好调研报告，还需要把调研的东西加以分析综合，进而提炼出观点，以便为后期的设计工作提供参考。

2.2 产业调研

2.2.1 产业概况

产业调研是指在对产业环境和产业趋势进行深入研究、理解和把握的基础上，针对产业本质特征、产业发展趋势、产业关键环节和产业消费趋势等思维基点进行全面的价值创新，从而发现未被满足的需求，帮助企业寻找到新产品开发的创新路径。

（1）生产力情况

中国家具源远流长，是中国文化的一个重要组成部分。明式家具更是中国家具史上光辉的一页，是中华民族文化的瑰宝，也是世界家具文化的一个重要组成部分。然而，在近现代，由于历史的、社会的原因，中国家具大为落伍，直至改革开放以来，中国的家具业才发生根本性的变革，带来了一派欣欣向荣的大好景象。

改革开放以来，家具行业日新月异，进入了发展的黄金时期。生产力大幅提升，从基础薄弱的工业发展到产业分布广、产值突出、产品门类全、加工技术先进、从业人数众多的重要工业门类；技术变革加快，由原始的手工工具发展到机械化、工业化设备，逐渐向信息化发展；经营管理模式向市场化发展，从集体、国有企业为主的家具产业形态发展到民营为主，合资、外资、国有企业兼有的产业形态；区域发展格局不断调整，从集中在大城市、林产区域向长三角、珠三角和环渤海地区等发达地区为主，并逐渐向河南、四川、湖北等中西部地区转移；设计水平不断提升，从三来一补（来料加工、来料装配、来样加工和补偿贸易的简称）到本土设计文化逐渐凸显；人才培养模式逐渐完善，从木工学徒发展到技术培训，且家具学科的教学体系逐渐完善，覆盖职业技术教育、企业办学和普通高等教育；家具行业的标准建设逐步完善，形成国标、行标、团标协同发展的局面；家具行业的国际地位逐步提升，2005年产值和出口值超过意大利，成为世界家具第一大国，并在国际舞台上拥有越来越多的话语权。

2000年以来，在引进、吸收的前提下，包括原辅材料、装饰材料、五金配件，以及机械设备、刀具、磨具在内的我国的家具工业体系初步形成。与之配合的教育、科研、情报信息体系也在逐步完善。

2000年，我国家具行业主营业务收入344.59亿元（轻工系统内家具行业总产值），2019年达到7111.168亿元，不到20年增长20多倍。2005年行业主营业务收入突破1000亿元，2007年突破2000亿元，2012—2014年三年连续突破5000亿元、6000亿元、7000亿元，2017年达到近20年来峰值，突破9000亿元（图2–1）。

2000年家具行业完成利润总额15.96亿元，2019年完成462.7亿元，不到20年增长30多倍。2009年行业利润突破100亿元，2015年突破500亿元，2017年完成565.15亿元，为近20年来最高值（图2–2）。

2000年以后，家具出口高速增长。2000年，家具行业出口35.651亿美元，2019年出口560.93亿美元，不到20年增长15倍以上，成为轻工业出口的重要力量。2010年突破300亿美元，2010—2012年出口继续快速增长，2012年接近500亿美元。2013—2015年连续三年高于500亿美元，但增速由高位回落。2016年出现负增长，出口额回落至500亿美元以下，2018年重新涨到500亿美元之上（图2–3）。

（2）生产基地

中国家具产业集群富有特色。这些特色区域，是由于历史、文化、人才等因素，在发展中形成产业集聚，经过较长时间的积累，技术逐渐成熟，产业链日趋完善，当地某种类型的家具产业发展壮大，形成产业集聚。在地理上，这些特色区域比较集中在沿海省份里相对偏

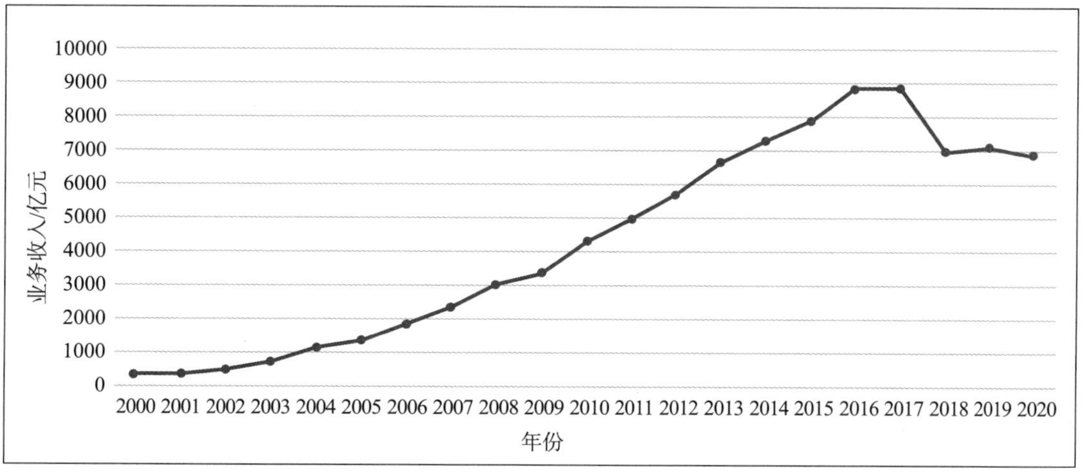

图2–1 2000—2020年家具行业主营业务收入走势

注：数据来源于国家统计局数据库。2000—2010年统计口径为主营业务收入500万元以上企业；2011—2020年统计口径为主营业务收入2000万元以上企业。

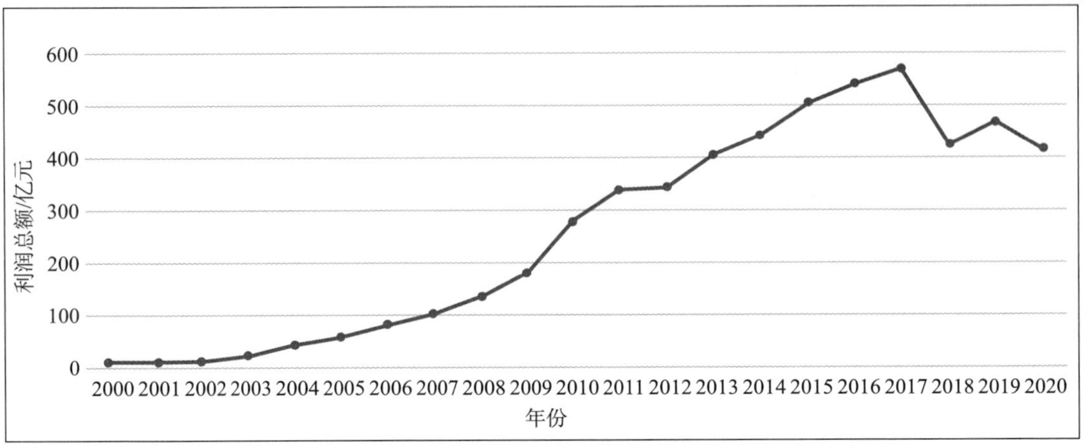

图2-2 2000—2020年家具行业利润总额走势

注：数据来源于国家统计局数据库。2000—2010年统计口径为主营业务收入500万元以上企业；2011—2020年统计口径为主营业务收入2000万元以上企业。

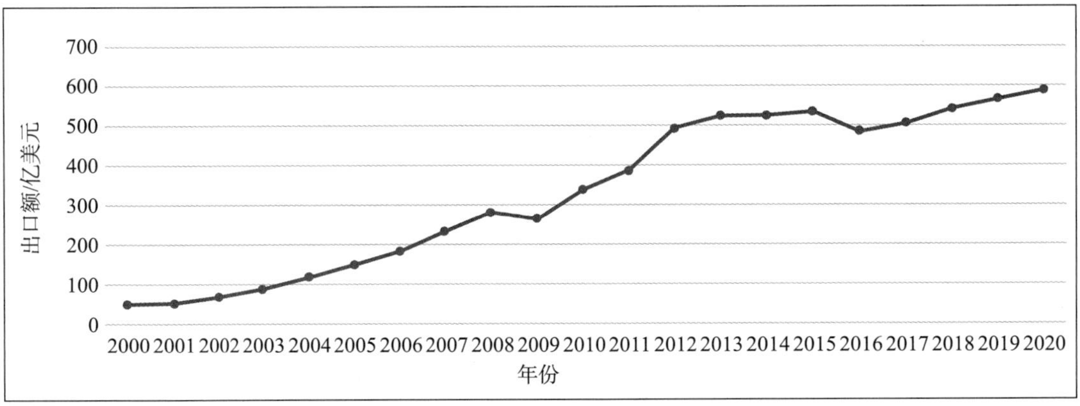

图2-3 2000—2020年家具出口走势

注：数据来源于国家统计局数据库。

远一些的地区，这与我国改革开放由沿海向内地扩散的趋势一致，反映出家具的加工制造更加倾向于成本低的地方；在人才上，特色区域出现在历史上能工巧匠、建筑人才或者手工技艺人才比较集中的地方，如中国红木（雕刻）家具之都浙江省东阳市是“百工之乡”，用了近6年时间，由原来的不足百家企业发展到现在3000多家。

经过多年发展，加上国家政策的支持，产业集群由自然集聚转向有效集聚，部分家具产业集群已经形成以较为成熟的大企业为龙头、中小企业配套加工的分工协作发展模式，使中国家具产业的生产分区更加专业化，集聚效应逐步显现，对行业发展起到了巨大的推动作用。

为引导中国家具产业集群健康发展，2002年，中国轻工业联合会颁布《关于授予中国轻工业特色区域荣誉称号的行业规范》之后，中国家具协会依据规范要求，于2003年1月制定了《授予中国家具行业特色区域荣誉称号的办法》，积极稳妥地开展了家具行业培育和推进特色区域工作。

根据中国家具协会官网公布信息，至2020年年底，中国家具产业集群共计50个（表2–2），其中新兴产业园区13个。受地理区位、产业资源、历史文化、市场需求和政策支持等因素的影响，中国家具产业集群主要分布在东部沿海地区，并逐渐向中西部拓展。其中，辽宁、河北、山东作为老牌的工业基地，分别有3个、3个、4个家具产业集群；江苏、浙江是繁荣的经济重地，分别有6个和8个产业集群；广东是发达的开放口岸，建设9个产业集群；福建有1个产业集群；河南、安徽、湖北、江西等是中部崛起的重要力量，分别有5个、3个、3个产业集群；四川是川派家具的重要基地，有3个产业集群；云南有丰富的木材资源，有2个产业集群。

表2–2　中国家具产业集群地

区域	产区数量/个	产区名称
华南	9	中国红木家具生产专业镇：大涌 中国家居商贸与创新之都：乐从 中国家具出口第一镇：大岭山 中国家具设计与制造重镇、中国家具材料之都：龙江 中国传统家具专业镇：大江 中国古典家具名镇：三乡 中国家具展览贸易之都：厚街 中国广作红木特色小镇：石碁 中国办公家具重镇：东升
华东	22	中国欧式古典家具生产基地：玉环 中国办公家具产业基地：杭州 中国古典家具文化基地：阳信 中国椅业之乡：安吉 中国实木家具之乡：宁津 中国东部家具商贸之都：蠡口 中国出口沙发产业基地：海宁 中国中部家具产业基地：南康 中国北方家具出口基地：胶西 中国金属家具产业基地：樟树 中国浴柜之乡：瓜沥 中国苏作红木家具名镇：海虞 中国苏作红木家具名镇：碧溪 中国仙作红木家具产业基地：仙游 中国红木（雕刻）家具之都：东阳 中国东部家具产业基地：海安 中国红木家居文化园：龙游 中国家具电商产销第一镇：沙集 中国校具生产基地：南城 中国软体家具产业基地：周村 中国中部（叶集）家居产业园：叶集 中国华东实木家具总部基地、中国实木家具工匠之乡：宁海

续表

区域	产区数量/个	产区名称
西南	5	中国民族木雕家具产业基地：剑川 中国西部家具商贸之都：武侯 中国板式家具基地：崇州 中国西南家具产业基地：新都 中国（瑞丽）红木家具产业基地：瑞丽
华北	3	中国金属玻璃家具产业基地：胜芳 中国北方家具商贸之都：香河 中国京作古典家具产业基地、中国京作古典家具发祥地：涞水
东北	3	中国实木家具产业基地：庄河 中国家具彰武新兴产业园：彰武 中国橱柜名城：普兰店
华中	8	中国华中家具产业园：潜江 中国家具红安新兴产业园：红安 中国中原家具产业园：原阳 中国钢制家具基地：庞村 中国长江经济带（湖北）家居产业园：监利 中国中部（清丰）家具产业基地：清丰 中国（信阳）新兴家居产业基地：信阳 中国兰考品牌家居产业基地：兰考

注：中国家具协会参与命名或共建。

2.2.2 产业本质特征

只有抓住产业的本质特征，设计的产品才能更好地满足客户的真实需求。以IT产业为例，IT产业具有哪些本质特征？如三星的“生鱼片理论”，意思是说当你第一天抓住高档鱼，在一流的日本餐厅里能卖到好价钱。如果有一些鱼没卖完，第二天就只能以一半的价格卖给二流餐厅，而到第三天就只能以1/4的价格卖给三流餐厅。IT产品在某种意义上具有这一特征，即产品如果不能尽快销售给消费者，它就像生鱼片一样迅速而大幅度地贬值。因此，速度就是IT行业的一个重要本质特征。

再来看一下服装行业。服装行业的特点是新产品推出速度快，产品生命周期短，产品贬值速度快，价格波动风险大，容易形成库存和资金占压，吞噬经营利润和带来财务风险。这个行业的本质特征就是一个“快”字，快速设计、快速生产、快速销售、快速更新，尤其是女性服装流行速度更快。女性消费者未被满足的需求，深层次的需求是“独占心理”，希望自己的衣服是世界上唯一的、独有的。女演员出席活动视“撞衫”为重大事故。但不是所有的女性消费者都可以拥有专属设计师为自己量身定做的。所以，一般女性消费者只能退而求其次，即款多量少。

在理解这一行业本质特征的基础上，西班牙服装品牌Zara便以最快的速度响应市场，每年推出一万余款新装，从产品设计到成品上架最长3周时间，始终保持每周更换款式2次、每种款式上架不超过3周的运营规律。这样的创新模式使得Zara曾数年时间成为国内第一、世界第三的服装零售上，其利润率也曾属全球同行业最高。Zara成功的根本原因在于其深刻洞悉行业本质特征基础上的设计策略创新。

其实“快”是现在飞速发展社会各行各业的一个本质特征，家具行业也不例外，许多家具企业每年会推出1 ~ 2个新品系列，以满足消费需求的改变。此外，家具行业还有三个层次的本质特征，分别是安全、功能与产品人格化、品牌共鸣（图2–4）。家具是消费者每天接触且使用时间最长的产品，当然要重视其品质及安全。不同的消费对象对产品及功能有不同的要求，设计师就需要深层次挖掘消费者的各种需求。产品人格化是将产品的特性转化为具有人性的特征，如赋予性格、情感等，也就是赋予产品以灵魂。

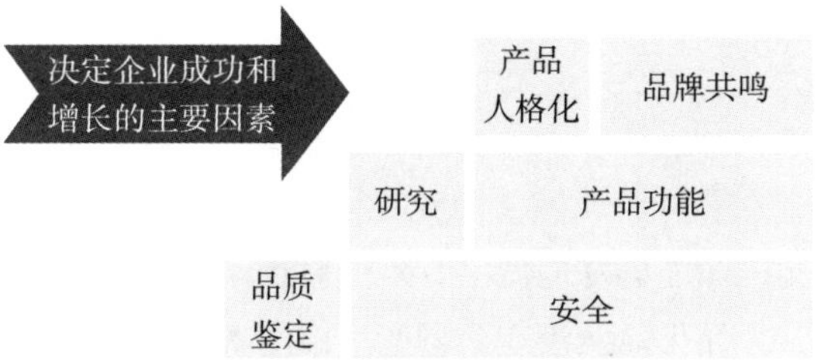

图2–4　家具行业的本质

2.2.3　产业发展趋势

产业发展趋势是一个大概念，产业发展的特征、模式、结构、价值链环节等方面所呈现出的变化趋势都属于产业发展趋势的范畴。基于某一方面或几方面产业发展趋势的前瞻性预见和判断而进行的产品设计，是家具产品创新的重要途径。

洞察产业的发展趋势要从几个角度来看：

① 国家的政策导向；

② 科技成果的演变及市场化程度；

③ 人口变化趋势及对产业的影响；

④ 消费者需求满足的程度。

2.2.4　产业关键环节

所谓产业关键环节就是在整个产业链中处于核心支配作用的环节。洞察产业链关键环节甚至可以使企业开创全新的市场领域。在这一点上，阿里巴巴就取得了巨大的商业成功。由于洞悉到中小企业商务贸易平台缺失这一产业薄弱环节，运用IT技术为全球中小企业构建现代化、低成本的电子商务交易平台成为其清晰而坚定的创业构想，阿里巴巴开创了B2B电子商务的全新市场和模式。此举不仅成就其无可争议的全球市场领导地位，更在全球范围为中国企业赢得了尊敬和骄傲。

2.2.5　产业消费趋势

纵观全球许多行业特别是大众消费行业的发展历程，可以发现行业无不是在消费趋势的引导和推动下不断演进，而消费趋势的每一次变动和提升又都是产业发展的重要拐点，同时也是行业内企业面临的关键性机会点。

能否洞察和把握产业消费趋势变化带来的机会，成为企业实现创新和产业崛起的重要决定因素。以手机行业为例，早期技术是影响消费的重要因素，拥有技术优势的摩托罗拉是这一时期的市场王者；当消费趋势从技术导向转为功能导向时，洞察到时尚消费趋势的诺基亚成功晋级为新的产业领袖；接下来迎来的是以体验为核心的智能时代，苹果手机占据市场第一位；而面对手机行业迎来的5G时代，产业格局必将再度变动。

2.3 竞争调研

家具设计属于商业设计，面临着市场自由竞争，因此我们需要了解竞争市场与自身情况，才能更好地做出有效的设计策略。

如果前期没有分析竞争市场等工作，就盲目按照自己的意愿开展设计，结果要么是自生自灭，要么很快就被其他竞争者排挤掉。不管是产品形象定位还是商业模式定位，对竞争对手与市场进行了解与分析，是必不可少的前期工作之一。

狭义的竞争对手就是与我们做相似业务或拥有相似产品、具有相似竞争能力的直接竞争企业。但随着设计服务行业的发展，设计逐步向企业更深层次和更高管理层面渗透，因此，广义的竞争调研对象应该包括三个：企业自身、同行竞争者、同一领域著名品牌（为下一步设计研究及探索设计走向提供方向性参考依据）。只有这样，才能真正做到知己知彼，同时还有目标方向。

竞争调研的主要内容包括客户群分布，规模与活动区域，提供的产品、服务、主要诉求点，满足客户需求的程度，价值主张与战略定位等。

事理学原理说明形式的背后一定有支撑形式的内在因素，即内在本质影响或决定外在形式。因此，调研的目的就是调研设计的内在问题，这需要我们通过深入挖掘，才能接触或获得关于内涵的问题。

信息时代为我们通过网络及其市场宣传广告等获得各种资讯提供了很大的便利，但要准确掌握详细信息却是比较困难的，需要我们发挥出最大的能力。我们不能因为困难而放弃努力，一定要尽可能多地收集相关信息，因为这些信息对于后面的新产品定位十分重要。

2.4 消费需求调研

现实中，我们在研究竞争对手后，通常第一个想到的是通过与竞争对手的差异化制订竞争策略，这完全是属于竞争导向的策略，在产品导向年代是正确的、可行的。可如今是产品过剩年代、消费主权时代，消费者满意与否决定了企业的生死兴衰，仅仅注意到了与竞争对手差异化是不够的，必须还要考虑你的差异化是否是消费者需要的。所以这时的竞争策略应该围绕着消费者的需求偏好展开才是正途，即需求导向、客户导向。概括地说，差异化战略针对竞争对手满足消费者需求的程度来制订的，而不是仅仅指与竞争对手的差异化。所以调研的重点应该是满足客户需求的程度。

2.4.1　圈定目标消费者

目标消费者指企业提供产品和服务的对象。随着经济的发展和市场的日益成熟，市场的划分越来越细，以至于每项服务都要面对不同的需求。企业应当根据每一项产品和服务选择不同的目标客户。只有确定了消费群体中的某类目标消费者，才能具有针对性地开展设计调研，包括消费动机、消费行为、消费模式等。

常见的目标消费群划分方法主要依据年龄、地域、行业、建立关系的时间长短、购买理由、购买频率、购买的标准以及其他统计特征。实际上，更确切还应该按照消费者的行为或偏好将消费者划分成不同的群体。如喜欢中国传统文化的消费群、喜欢时尚追求前卫的消费群等。对于设计师而言，最重要的就是知道他们的偏好。通过观察和推理，可以破译那些支配消费行为的偏好，并有目的地在产品中做出相呼应的设计响应。

2.4.2　消费偏好的表现

消费偏好是指消费者在不同商品或不同商品组合之间的选择排序。消费偏好受生理、心理以及社会因素的影响，也受年龄、性别、民族、宗教、文化观念、生活习俗、地理环境等诸方面的影响。

消费偏好的直接体现是其生活方式，通过对不同消费群生活方式的研究可以找到不同消费群的偏好。

消费偏好通过消费需求表现出来。按消费需求的实质内容不同，可分为物质需求和精神需求。物质需求是指人们对物质生活用品的需要。精神需求是指满足人的心理和精神活动的需要，如人的自尊、价值的体现、身份地位的象征等需要。与物质需求相比，精神需求是高一层次的需求。按消费需求的实现程度不同，可分为已被满足的需求和未被满足的需求。消费者未被满足的需求有三个层次：

① 潜在的、未被竞争对手满足的需求；

② 变化中的、未被竞争对手关注的需求；

③ 消费者自己也未必意识到的需求。

2.4.3　消费偏好的变化趋势

当然，消费偏好不是不变的，生活方式的变化不断产生新的消费需求或偏好，总体呈现如下变化趋势。

（1）广泛化与高度化

首先，随着生活水平的提高，生活领域不断扩大，生活方式多样化，人们需求的领域逐步扩大；其次，心理需要层次的提高，在对具体产品、服务的消费上，追求、关注的方面也越来越广。同时，随着社会的发展人们对生存的需求更多转向对享受和发展的需求。

（2）情感化与感性化

心理需要层次的提高，对精神需要的程度不断增强。而且由于技术水平的提高，产品质量、性能等物质指标差异化程度越来越小，情感在购买决策中的权重越来越大。由高情感的需要导致感性消费的需求。将消费活动与自我概念密切关联，作为追求共情（情感上的共鸣）、体验、展示能力或风貌等的舞台。

（3）个性化

心理追求上，由于更多的人“求异”或“优越性追求”“自我满足追求”，或表现为个性，或为自我满足，追求个性独立、自由和产品、服务的专属性甚至唯一性趋势愈加明显。

（4）多样化

需求的多样化是高层次化、个性化、情感化的直接结果。随着心理需要层次的提高，需求变得越来越复杂、多样。特别是对于不同的个体，在情感、精神的追求方面将会表现出更大的差异。第一，对同一种生活行为，不同个体表现出千差万别的追求。物质短缺时代，对某项产品或消费属性的需求较为集中。随着物质、精神生活水平的提高，需求属性开始呈现出多样性。整体上追求的属性增多，而不同个人的各种需求属性权重的差异性越来越大。第二，同一个体为满足某一生活需要表现出更多的需求。如为满足休闲的需要，可以有传统的聊天、散步、运动、读书等，还可以有旅行、健身、网上冲浪、电子游戏、购物等多种选择，由生活情景等不同表现出多样性。第三，对于同一顾客，在不同的生活领域其追求的差异性也变得愈加明显。由于生活方式的多样化，人们在不同的生活领域可能表现出不同的生活方式，进而相应的消费需求也会呈现出差异性和多样性。

（5）健康化与绿色化

由于对生活质量的追求，人们更加关注自身身心健康。在注意生理安全、健康的同时，对心理精神的健康关注程度逐步提高。追求舒适、享受，更多地利用休闲、娱乐消费或日常消费活动充实生活内容，调解身心状态。并逐步由关注眼前的小的健康环境到关注长远的社会大环境，注重环境保护、节约资源等绿色消费意识与需求将会不断加强。

2.4.4 消费偏好洞察

为了深入了解消费偏好，我们需要对目标消费群在购买同类产品时的消费行为做深入调研并加以分析，以便后期设计中更好地满足他们的消费偏好。实践中，一般可以采用6W1H工具来分析。

由谁构成市场（Who），就是要分清谁是主消费群体，谁是次消费群体。

谁参与购买（Who），指使用的不一定购买，购买的不一定使用。如儿童家具的消费者通常是家长，办公家具、学校家具通常采用招标形式采购，购买者并不是直接的使用者。不同的角色考虑的问题出发点不一样，这些因素均需要我们在设计中考虑进去。

购买什么（What），了解消费者主要购买哪几类产品，更多选择的是哪些产品以及每次购买多少家具。

购买时间（When），了解集中购买的时间与消费旺季。是节假日还是日常时间？是重要节日期间还是某个时间阶段?

如何买（How），了解这些消费者是实体店购买还是线上购买?是通过广告推广还是通过朋友推荐或设计师推荐?

家具商业设计的最终目标是满足更多目标消费群的需求，但是需求情况是复杂的，这也导致了设计任务的多样性，有时甚至是矛盾的。人们都期望设计是完美的，但现实中完美的设计几乎是不存在的，设计是一个妥协的过程。理论上希望做到价廉物美，即既有好的品质、好的视觉效果、满意的功能、美好的场景，还希望有个性、有价值感、有文化品位等，然而，要在同一件产品中做到这些是极其困难，甚至是不现实的。这就需要对市场进行细分，并紧紧把握不同消费群关注的主要因素，而次要因素则可以在可能条件下予以有限的响应。

本章小结

设计调研能够帮助设计师跳出以自我为中心的设计观念局限，从个人思维换位到用户（包括消费者与企业）思维。设计调研的方法有很多种，主要可分为定性调研与定量调研两大类。设计调研主要包括明确调研目标与方法、制订调研计划、执行调研过程、输出调研结果——调研报告四个阶段。设计调研的内容包括产业调研、合作调研、竞争调研与消费需求调研四个方面。

作业与思考题

（1）请尝试对不同年龄段消费者进行家具消费需求调研，分析其不同的消费偏好，并进行各自的需求层次挖掘。

（2）请尝试对不同地域（如一线、二线、三线城市等）的消费者进行家具消费需求调研，分析其不同的消费偏好，并进行用户画像，探索其对家具的需求。

（3）请尝试对所在地区的各种户型进行调研，并具体分析户型对家具设计的影响。

（4）收集最近一年内国内外家具展会信息，整理分析展会上的主要家具展品，分析流行趋势。

第3章　家具风格与造型

风格：精神个性化的形式。

风格是精神个体性的形式体现，其本质特征是它的独创性。风格的形成除了精神个体诸多因素的制约外，时代的、民族的、地域的、流派的影响也决定着风格的特征和命运。所谓风格，就是一个国家或者一个区域，经过岁月的沉淀，形成的一种含有自身民族文化的传承。设计总是随着时代的发展而前行，带有时代的烙印。当物质水平达到一定程度，本土化、民族化以及传统成为消费者的要求，并因此成为设计师以及企业所面临的问题之一。研究风格的意义在于指导实践，提高产品生命力与丰富产品表情，实现风格的丰富和超越。

设计风格属于设计美学的范畴。家具风格是对家具形式的抽象概括，当家具及其家具族群构成一定审美倾向或审美特性时，它们便升华为一种风格。家具风格是家具形象体系及其表现手法在组成上的统一，并通过功能与形式的结合表现出来，两者不可分割且相互映衬。家具设计风格还与时代、民族、国家、文化群等密切相关。东西方在造物风格上因历史、地理差异形成不同内涵。有关国内外家具风格的发展演变在《家具史》（第二版）中有详细论述。作为设计师，首先需要对国内外的家具设计风格有全面的掌握了解，学会甄别与借鉴，才能逐步形成自己的设计风格。

我们经常能听到各种各样的风格名称，如法式、英式、意式、德式、美式、哥特式、巴洛克、洛可可、新古典、明式、清式、简约风格、古典风格、田园风格等。但无论多少种风格叫法，仔细辨别这个风格名称，大致可将其归为三类，即以时间、地域、特征命名。这里从时间、地域、特征三个方面对欧美与中国的家具风格发展脉络进行简要梳理。

3.1　欧洲古典家具风格

欧洲古典家具可以分为七个阶段数十种细分风格，每种风格会因地域不同而有所差异（图3-1）。

（1）古代时期

古希腊与古罗马家具共同形成了欧洲古典家具的源头。

古希腊家具的造型更多地体现了古希腊人自由、民主的生活方式，重视家具的形式美，以优美的线条、适宜的比例和简洁的形体为特征。

古罗马家具在造型和装饰上受到了古希腊的影响，但当罗马人借鉴古希腊艺术时，希腊艺术便失去了其原有的适宜比例和轻巧造型，而更多地显示其民族特色，即古罗马帝国严峻的英雄气概在家具上得到了充分的反映。家具造型坚实、厚重、威严、壮丽，加上以雄狮、半狮半鹫的怪兽、桂冠等题材的豪华装饰，构成了一种男性化的艺术风格。

图3-1　西方古典家具风格

(2) 中世纪

中世纪是指从西罗马帝国灭亡到文艺复兴这段以宗教为特色的时期。这个时期的家具又可分为三种主要风格：拜占庭式、仿罗马式与哥特式。

拜占庭式家具是古罗马风格的延续，融合了希腊文化的精美艺术和东方宫廷的华贵表现形式，融合东西方韵味，造型僵直、庄重，以显示神威，注重色彩的灿烂与装饰的华丽。

罗马式家具可以说是罗马式建筑的缩写，其主要标志是采用古罗马建筑的拱券和檐帽、柱子等作为家具构件的表面装饰手法，家具较为粗犷与简陋。

哥特式家具从造型、装饰题材到制作工艺直接受哥特式建筑风潮的影响。家具造型以垂直线条强调垂直庄重的形态，采用尖顶、尖拱、卷叶饰、棂花格、束柱以及浮雕等装饰，庄重、雄伟、严谨，象征着权势及威严，极富特色。

(3) 文艺复兴时期

文艺复兴式家具在欧洲流行了近两个世纪，不同的国家有其各自的特点。总的说来，家具造型受古希腊、古罗马艺术的影响，同时又赋予新的表现手法，大量使用檐板、半柱、涡卷花饰等古典建筑的装饰手法，式样显示出较大的自由度，车木、高浮雕、曲线被广泛地使用，层次起伏更加明显，整体造型显得厚重、庄严、线条粗犷、立面比例和谐，具有建筑的结实和永恒的美。

(4) 巴洛克

16世纪末17世纪初，欧洲艺术走向更加自由奔放的浪漫主义时代，风格上有两大类，即巴洛克与洛可可。巴洛克艺术流行于17世纪到18世纪初。

巴洛克家具打破了以往那种规整方正的直线形式，摒弃了直接模仿建筑的手法，采用各种曲折多变的线条（尤其是动感较强的S形曲线）、夸大的尺度、过度渲染的富丽堂皇和自由奔放的装饰。

法国的路易十四式风格，可谓欧洲巴洛克风格的典范。路易十四式家具是典型的巴洛克风格，家具外观运用端庄的体形与含蓄的曲线相结合而成，通常以对称结构设计，装饰夸张，整体豪放、奢华。家具表面多采用镶嵌、雕刻、镀金等装饰，看上去富丽堂皇。

英国的巴洛克风格分为两种：后期雅各宾式与威廉-玛丽式。后期雅各宾式家具采用较多的直线和方形板面，造型都较瘦长，装饰较为严谨，整体豪华、洗练。涡卷纹雕刻、螺旋形车木构件、精细的薄木拼贴、球形脚、藤面等，也是这一阶段家具的特点。

威廉-玛丽式家具在后期雅各宾式的基础上，追求洗练豪华的气势。造型都较瘦长，采用较多的直线和方形板面，受荷兰和中国的影响，家具腿部采用喇叭式的车木形态，脚端则用球形，装饰较为严谨，椅子偏好软包座面与靠背。

(5) 洛可可

洛可可风格是18世纪流行于欧洲的一种造型艺术。法国路易十五式家具以华丽轻快、精美纤细的曲线著称，以回旋曲折的贝壳形曲线和精细纤巧的雕饰为主要特征，以凸曲线和细长的弯脚为造型基调，以中国漆为一种时尚，形成了一种轻快精巧、优美华丽、闪耀虚幻的风格，成为洛可可家具的代表。与巴洛克家具相比，路易十五式家具是一种更为纤巧优美的宫廷贵族风格的式样。

英国洛可可风格包括安妮女王式、早期乔治式与齐宾代尔式三种。

安妮女王式家具是一种非常英国化的家具，它以简洁的造型、洗练的装饰、均衡的比例和完美的曲线表现出一种优雅、谦逊、理性的美。优美的S形弯腿是安妮女王时期家具的最重要特征，这种优雅的曲线被应用在椅子、桌子、餐具柜、烛台等众多家具的腿部，成为安妮女王式家具的典型标志。

早期乔治式家具在安妮女王式家具的基础上增加了一些装饰，趋向豪华，破坏了安妮女王时期原有家具的简洁、优雅之美。安妮女王时代优美的弯腿，在这个时期变成粗胖的动物腿形，并配以威严的爪球脚。除了在腿的膝部雕饰扇贝、叶形装饰外，还有大量的狮子、头像等题材，雕刻装饰过于繁多。

齐宾代尔式家具在简洁朴实的英国风格上汲取了洛可可式纤细柔和的曲线美，并融合了东方艺术的格调（如喜欢用中国的回纹和窗格图案装饰），促进了中西方文化的交流。家具线型单纯而有力，给人一种稳健、优雅的感觉。

（6）新古典主义

18世纪中叶至19世纪初的欧洲开始流行以瘦削直线为主要构成特色的新古典式家具风格，取代了以曲线装饰而著称的巴洛克和洛可可风格。新古典主义风格主要盛行于法国和英国，但各自渗入了自己独特的风格特点，并迅速传播到欧洲其他国家和美国。欧洲新古典家具文化艺术的发展，大致可分为两个阶段。一个是盛行于18世纪后半叶（1770—1800年）的法国路易十六式，英国的亚当、赫普怀特式与谢拉顿式以及意大利、德国等18世纪后期的家具式样，以法国路易十六式为代表。另一个是流行于19世纪前期（1800—1830年）的法国帝政式、英国摄政式、意大利帝政式与德国帝政式，以法国帝政式为代表。

法国路易十六式家具的主要特点是放弃了洛可可式家具的过分矫饰的曲线和华丽的装饰，追求结构的合理性和简洁的形式，因此，家具的结构重点放在了水平线和垂直线的处理上，强调机能和结构的力量。以直线和矩形为造型基础，无论圆腿或方腿，都是上粗下细，并且带有类似罗马石柱的槽形装饰，脚端采用球形或水果状等雕刻装饰。与洛可可式的S形腿相比，不仅减少了家具的用料，而且提高了腿部的强度，同时获得了一种明晰、挺拔、轻巧的美感。这些家具式样简朴、精练；做工讲究，装饰文雅；多以直线为主，很少采用曲线，即使采用曲线，也只是比较规整的圆、椭圆或其中一部分。而不像洛可可式的曲线那样自由奔放；旋涡面少，平直面多，方中有圆，柔中带刚，显得轻盈优美，实用性更强。

法国路易十六式经过执政内阁时期过渡到帝政式。帝政式家具为了显示权威与荣耀，恪守着严格的对称法则，采用笨重的造型和刻板的线条来显示其宏伟和庄严，用模仿的手段处理古代艺术，大量采用与战争有关的题材，形体厚重而结实。

英国亚当式家具典雅、优美，采用对称形式，结构简洁规整，多处采用方形直线框架构成，不仅形式上具有古典风格的特色，而且在结构和装饰上都做了更加合理的处理。家具多用直线，简单而朴素，线条明晰而稳健，形成一种规整、优美、朴素的古典美。

英国赫普怀特式将古典韵味恰如其分地揉进家具设计当中，家具造型纤巧优雅、比例协调优美，兼具古典式的华美和路易十六式的纤巧，这恰与亚当式家具较为严肃规整的古典造型形成了强烈的对比。

英国谢拉顿式家具以轻便、简朴、实用著称，以直线为主，强调纵向的伸展，家具比例协调，外形修长优美，结构坚固耐用。

英国摄政式将古希腊家具的优美与简朴结构、古罗马的豪放与壮美、古埃及装饰和中国的漆绘工艺等结合在一起，形成一种古典型的折中样式。

（7）折中主义

19世纪中叶开始，欧洲流行的家具风格可谓集众多不同时期的家具风格于一身，因此它也被称为混合的“复兴式”家具式样，当时的家具风格主要表现为尽力效仿古希腊、哥特式和洛可可这三种古典外观形态和装饰手段，其中以英国维多利亚式为代表。

3.2 美国古典家具风格

1492年哥伦布发现美洲新大陆，此后欧洲各国在美国建立殖民地，加上新建家园的艰苦条件、缺乏能工巧匠与当地丰富的木材资源，于是形成了与欧式家具有着几分相似但又有自己特色的美式家具。根据时间先后，分为早期殖民地式、后期殖民地式、联邦式与美国折中主义四个阶段。由于当时欧美之间的交通需要很长时间，使得殖民地风格相对欧洲来说要滞后一些。但随着交通时间的缩短，这种风格的滞后现象也逐渐减少（图3–2）。

（1）美国早期殖民地式

美国早期殖民地时期分美国雅各宾式与美国威廉–玛丽式两种风格。美国雅各宾式主要是在英国雅各宾式家具的基础上，在艰苦创业阶段、缺乏制作家具的能工巧匠、大量丰富的当地木材等条件下，美国殖民们从实用出发，将家具的造型单纯化，以直线为主，较多地运用了车木构件，家具形态低矮、厚重、装饰简朴，为了节约空间，出现了折叠式家具，如门腿桌，形成了美国简朴、实用的家具风格。

美国威廉–玛丽式结合美国当地的条件，采用一些简化的巴洛克样式。此外，一种带有涡卷和槽线的家具脚——“西班牙式脚”，开始出现在这时的家具上。这时的家具广泛采用车木腿，形式丰富，花样繁多，有倒转杯形、喇叭形和小圆脚等。

（2）美国后期殖民地式

美国后期殖民地时期主要流行美国安妮女王式与美国齐宾代尔式两种风格。

美国安妮女王式家具主要流行于18世纪20至50年代，各个地区会有差异。由于美国的殖民主要是商人与打工者，所以美国安妮女王式家具并不只是简单模仿当时英国宫廷的样式，而是更多地制作英国和低地国家中产阶层的家具式样，追求优雅舒适，讲究优美的曲线，特别是S形弯腿。

美国齐宾代尔式家具源于18世纪30至40年代的英国，集法国洛可可、中国装饰和哥特式风格于一身，沿用安妮女王式家具上的S形弯腿，但变粗并改用了爪球脚，多用桃花心木制

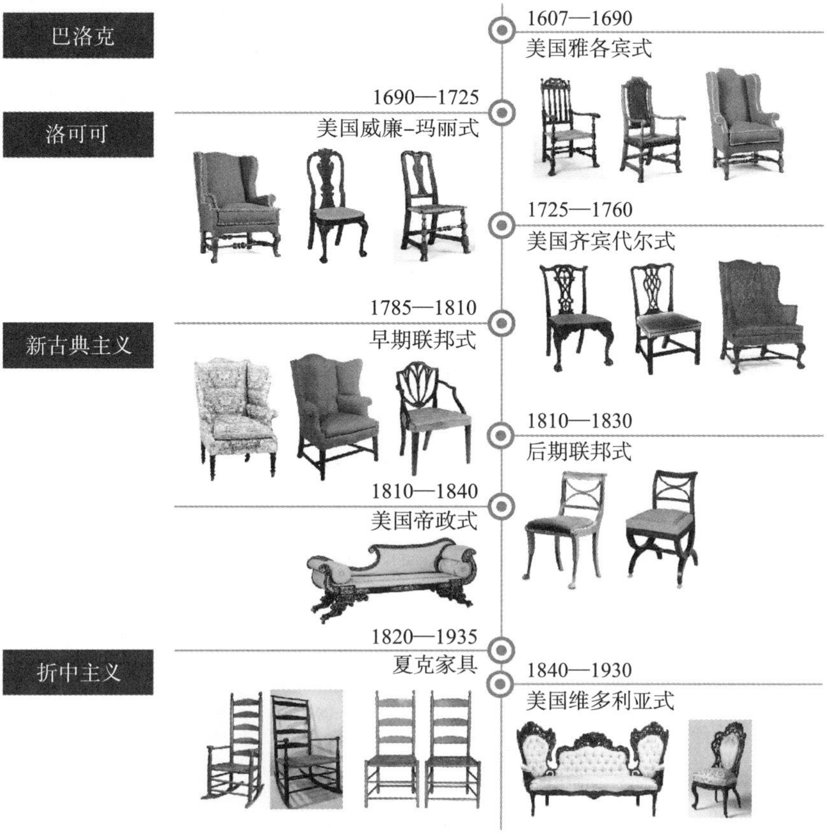

图3-2　美国古典家具风格

作，雕刻丰富，整体感觉趋向厚重、粗壮、豪华。

（3）美国新古典主义

美国新古典主义家具主要可分为早期联邦式、后期联邦式与帝政式三种。

美国早期联邦式家具主要采用英国赫普怀特式和谢拉顿式家具式样。美国赫普怀特式家具工艺简单，线型简练，装饰简化，新兴的装饰薄木取代了以前的雕刻装饰，非常符合美国人的口味，迅速取代了齐宾代尔式家具。美国赫普怀特式家具增添了活力和生气，造型趋向轻巧、装饰简化，通常以爱国符号、军事纹章和古典题材作为镶嵌图案。方腿并自上而下逐渐收细，显得精巧。曲线形立面、望板与中心镶嵌图案相呼应。美国赫普怀特式家具比例优美、造型精练，由曲线、长方形和逐渐变细的直线形组合而成。

美国谢拉顿式家具在造型比例上与赫普怀特式十分相似，主要区别在于细部装饰上，其最大特征是以逐渐变细的车木圆腿取代了以前逐渐变细的方腿（图3-1）。家具的立面趋向长方形，而不再用曲线形式。继续采用薄木镶嵌装饰，但其中还运用了亚当式的浅浮雕。

美国后期联邦式受法国新古典主义、英国谢拉顿式与摄政式的影响，其中最引人注目的是邓肯·法夫式家具，通常采用古希腊的X交叉形、军刀状腿、动物爪脚、竖琴、七弦琴等造型，而装饰多为帷幔、羊角、麦束等新古典主义题材。

美国帝政式则是法国帝政式家具的改良形式，宽大、厚重，装饰丰富。家具外形多模仿古希腊、古罗马家具形式以及波浪形曲线，大量运用高浮雕，常见的装饰图案为镀金的叶形装饰板、花环、喇叭、月桂树、带翅膀的图案，装饰丰富，整体风格豪华、厚重，为美国的社会名流所喜爱。其中最具特征的是明亮的镀金装饰与桃花心木或红木的深色形成强烈的对比。

（4）美国折中主义

美国折中主义主要有美国维多利亚式与震颤派（夏克家具）两种细分风格。

大约到1840年，厚重的美国帝政式风格发展到达顶峰，开始转向表面装饰较少的朴实的造型风格，并逐渐被那些移民来的欧洲工匠带来的洛可可复兴式样取代。19世纪后半叶，由一些知名建筑师设计的教堂、住宅还是采用了哥特式风格，其中配套的家具也由建筑师设计，主要采用尖顶、尖拱、三叶饰、四叶饰、卷草纹、窗花格等装饰。

震颤派家具形式简洁，采用几何线条、倒锥形直腿，加工便捷，造价较低，但运用传统的榫卯结构。表面光素，没有任何镶嵌与雕刻工艺，材料以取材方便为原则，多为松木、枫木、樱桃木、橡木和桦木。所用家具抽屉和橱柜一般均用车木木拉手。椅子坐垫由藤或织物编织而成。

3.3 中国传统家具风格

中国传统家具发展主要是根据人们的起居方式来划分的，总体上分三个阶段：席地而坐的前期家具（从史前到汉代）、席地而坐向垂足而坐过渡的时期（魏晋南北朝到五代十国）、垂足而坐的后期家具（宋、元、明、清），其中明清家具堪称中国传统家具的经典（图3-3）。

（1）前期家具

人类脱离洞穴生活后，经历了一个相当长的部落纷争、城邦混战的徘徊时期。商周时期的家具开始注重美观与装饰，造型浑厚有力、雄壮敦实，加以兽面纹的凶猛、威严，几何纹的规整、秩序，显示出强悍与神秘的时代特征。但由于其尊卑有序的等级制度，装饰精美的家具也只是统治阶级的尊贵与权力的象征，仅供贵族统治阶级使用。这也是等级制度反映到家具上的历史开端。

春秋战国时期是中国传统文化发展的雏形期，出现了诸子蜂起、百家争鸣的学术气氛。这个时期的家具所表现的理性和民间意趣日见蔓延，艺术风格一改先前的神秘和沉重，出现了精雕细琢、镂金错彩和奢侈豪华的气象。装饰特点集绘画、雕刻于一身，采用自然景观、植物图案和想象吉兽为表现主题，用象征和联想来表达理性与浪漫的觉醒，折射出崇尚自然之美和浪漫主义的情调。

汉代在继承战国漆饰的基础上，漆木家具进入全盛时期，不仅数量大、种类多，而且装饰工艺也有较大的发展。汉代人仍以席地起居为主，所用大多属低矮型家具。由于各民族文化交流的影响，特别是受北方游牧民族习俗影响，也出现了“胡床”这样的高型坐具，是中国高型家具的开端。汉代的家具体积都较为宏大、讲究，体现出统一、有序且神圣的形制。

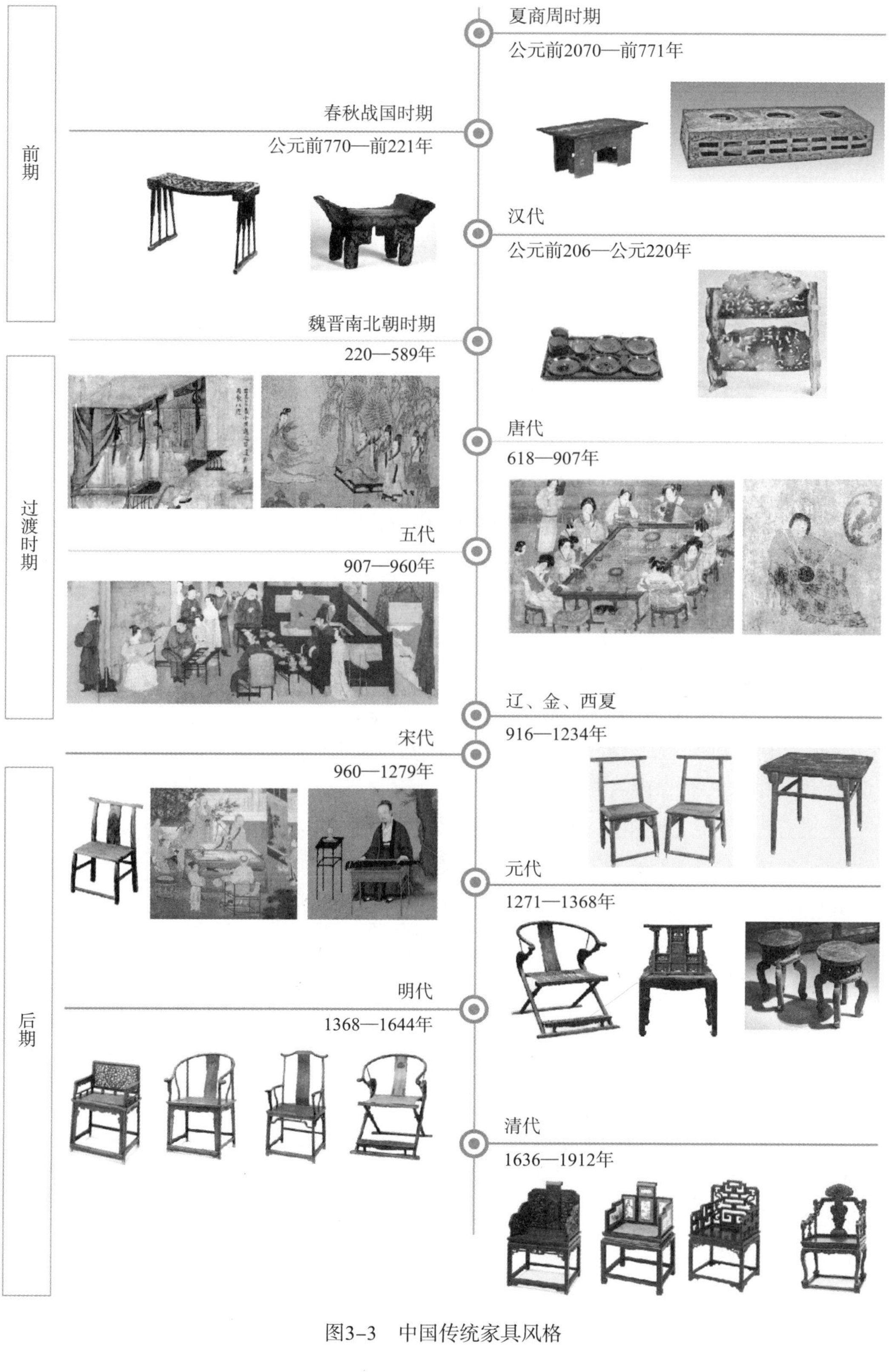

图3-3　中国传统家具风格

其背后有着比以往都更强大的思想支撑，即集权、皇权与天学为一体的统治思想。

（2）过渡时期的家具

魏晋南北朝时期延续了秦汉时期以床榻为起居中心的方式，但坐卧用具开始变化，各自朝着专门化的方向发展。由于坐具的专门化，人们的坐姿也开始变化。古人席地而坐，后来在床、榻上坐，这时的坐法均为跪坐。这种跪坐法，即双膝着座，把臀部靠在脚后跟上。这时由于高型坐具的出现，并不断增加，带来了垂足而坐的习俗，跪坐仍未消失，但起居方式开始向垂足而坐过渡。

唐代家具在造型上独具一格，大都是宽大厚重，显得浑圆丰满，具有博大的气势、稳定的感觉；在装饰上崇尚富贵华丽，和谐悦目。

五代家具一改唐风，开始崇尚简洁无华，朴素大方。这种朴素内在美取代了唐代家具刻意追求繁缛修饰的倾向，为简洁的宋式家具风格的形成树立了典范。

（3）后期家具

对家具而言，宋代是个伟大的时代，是正统的汉文化当道，文人骚客辈出。这个阶段垂足而坐的起居方式已经完全取代了席地而坐，彻底完成了中国历史上起居方式的大变革。同时由于梁柱式框架结构代替了隋唐以来一直沿用的箱形壶门结构，从而丰富了家具的法度和式样的视觉效果，也形成了家具的用料偏小及宋代家具简约淡雅的造型艺术风格。宋代家具简洁工整、隽秀文雅，不论何种家具都以质朴的造型取胜，很少有繁缛的装饰，最多在局部画龙点睛，如装饰线脚，对家具脚部稍加点缀，基本定型了明式家具的风格和制式。宋代家具的简洁隽秀之美，对中国传统家具产生了不可小觑的影响。

辽、金、西夏时期，民族矛盾尖锐，但民族融合是主流，各民族间经济文化交流频繁。在政治、经济上效法宋制，所以家具无论是在形式、装饰还是结构上也均仿效宋制家具的特点，民族之间的差别要比时代之间的差别小得多。

由于元代是我国蒙古族建立的封建政权，因此其主流的审美方式势必会对宋代家具造成冲击和改造。蒙古族崇尚武力，追求豪华的享受，游牧民族的文化、生活习惯与中原文化也大不相同。元代的家具风格具有豪放不羁、雄宏庄重、丰满起伏的北方家具特点，又带有佛教味道及圆曲优美伸缩有致的气势。

明代家具造型优美、稳重、简朴，强调家具形体线条优美、明快、清新，各组件的比例讲求实用与审美的一致；巧妙地运用木材天生的色泽和纹理之美，而不做过多的雕琢，装饰讲究少而精，淡而雅；采用梁柱式框架结构，各部件间采用榫卯连接，极具工巧美。

清代家具在康熙以前，大体保留着明式的风格和特征，和明代家具一并被人统称为明式家具。到乾隆时期清代家具已经发生了极大的变化，形成独特的清式风格。它的突出特点是用材厚重、装饰华丽、造型稳重，和明式家具的用料合理、朴素大方、坚固耐用形成了鲜明的对比。

3.4 世界现代家具风格

手工业时代的技术与艺术完美结合，造就了传统设计的辉煌。18世纪下半叶的工业革命带来了新技术、新材料和新的生产方式，却没有给设计带来适合的新艺术可供借鉴，于是开始进入现代家具的探索期、形成期与发展期（图3–4）。

（1）现代家具的探索

在对现代家具的探索中，最成功的无疑是索耐特曲木家具。索耐特家具很好地将工业革命时代的两个重要因素技术开拓和满足社会各阶层的需求结合起来。曲木技术的逐渐完善、形式的简化、部件的减少、用料的纤巧、结构的合理化密切配合，齐头并进，使索耐特家具成为现代家具的伟大先驱。这些设计解决了造型美、价格低、样式多、系列化这些急需解决的问题。索耐特家具的另外一个重要特性是便于运输，开创“平板包装”技术，家具各构件间易于拆装，到用户手中再自行组装，大大节约了运输成本。

（2）现代家具的形成

在伦敦“水晶宫”万国工业博览会上，大多数展品极尽装饰之能事而近乎夸张。这种功能与形式的分离，缺乏整体设计的状况，从反面激发了一些思想家，如英国的拉斯金、莫里斯等对设计进行探讨，促进了工业设计思想的形成。

19世纪下半叶，英国开启了第一次大规模设计启蒙运动——工艺美术运动。工艺美术运动在理论上反对精英主义设计，强调设计为大众服务，具有强烈的民主和社会主义色彩。它

图3–4　世界现代家具风格

最先提出的“艺术与技术结合”的原则，主张艺术家从事产品设计，反对纯艺术，以及师从自然等，是当时对工业化的巨大反思，构成了现代设计意识的开端。

工艺美术运动前后仅持续几十年，但其影响深远，遍及欧洲多国及美国，促使欧洲随后掀起了一场更为全面和广泛的新艺术运动。新艺术运动是19世纪80年代开始在欧洲和美国产生并发展的一次影响面相当大的“装饰艺术”的运动，于1890—1910年达到顶峰。新艺术运动的本质表现为一种线条装饰倾向或潮流。而线条的表现手法又分成曲线和直线两派。其中曲线派以法国、比利时、西班牙为代表，直线派以英国的麦金托什与格拉斯哥派、奥地利分离派、德国青年风格派为代表。

大工业技术与现代艺术中的客观化趋势相结合，直接促成了一场现代设计史上最具影响力的现代主义设计运动。而现代主义设计运动主要集中在三个国家开始进行试验，即德国、俄国与荷兰。俄国的构成主义运动是意识形态上旗帜鲜明地提出设计为无产阶级服务的一个运动；而荷兰的风格派运动则是集中于新的美学原则探索的单纯美学运动；德国的现代设计运动从德意志制作同盟开始，到包豪斯设计学院为高潮，集欧洲各国设计运动之大成，初步完成了现代主义运动的任务，初步搭起现代主义设计的结构，战后影响到世界各地，成为战后“国际主义设计运动”的基础。

（3）现代家具的发展

第二次世界大战后，世界局势处于相对平稳时期。随着工业技术的迅速发展，各种新材料日新月异，为现代家具的进一步发展提供了有利的物质基础。现代家具经过了工艺美术运动的洗礼，经历20世纪20年代至30年代稳定的发展，逐步走向成熟。在战后经济复苏和城市重建的过程中，科学而系统的理性主义得到了进一步的发展；经济的发展和消费的高涨刺激了美国的商业性的设计；而意大利设计将现代的理性设计与传统的文化相结合，重视个性化与人文精神的表现；日本也在这个时期开始将西方现代设计与民族文化进行融合；而北欧家具对传统价值的尊重以及人性化的设计理念也使其走上一条独特的设计道路。

3.5 中国近现代家具风格

（1）中国近代家具

应该说中国的近代家具始于鸦片战争时期（图3-5）。鸦片战争打开了清政府闭关自守的大门，随着西方外来文化的不断渗透，中国传统家具讲究的形、神为主的审美观念与西方家具的舒适性和重视实体造型观念相结合，形成了独具特色的中国近代家具，相当于西方的折中主义。

（2）中国现代家具

中国的现代家具也同样经历了探索、形成与发展三个阶段。

新中国成立后到改革开放的30年，我国的家具行业基本处于半机械化、半手工的作坊式生产状态。由于计划经济以及人民生活水平低下，思想封闭自守，对国外家具工业的信息知之甚少，缺乏借鉴和比较，我国的家具业人士正是在这样的艰苦条件下，进行了相对独立的

图3-5　中国近代家具风格

自我探索过程。

改革开放使得社会繁荣，人民的生活水平明显提高。对于家具而言，这是一个引进消化的阶段，中国的现代家具体系逐步形成。1992年，广东省联邦家私公司设计并生产的9218整合实木沙发（后被称为“联邦椅”，图3-6），既没有中国传统座椅的构成模式，也没有仿造国外样式，实现了中国式创新。这款沙发椅上市后，迅速蹿红大江南北，创造畅销奇迹。在联邦椅面世后的整个20世纪90年代，几乎全国所有大大小小的家具销售场所，都可以找到联邦椅的身影。其中不乏其他企业仿制的联邦椅。联邦椅的设计创新可谓中国家具史上的一个里程碑，也为中国家具的自主创新树立了标杆。

图3-6　联邦椅

2000年以后，随着社会的发展、家具设计专业人才的培养以及中国家具人的共同努力，中国的现代家具逐步发展并完善。由于世界经济一体化进程与网络全球化应用的加快，人们对家具形式的审美向简约化转变，同时国民经济的发展与文化自信增强相辅相成，促使人们日益追求和欣赏东方精神与西方品质生活相融合的家具形式。

3.6 家具风格美设计策略

利用设计语言表达设计风格，无外乎利用形态、色彩、材质、制造工艺等手段彰显产品的设计风格。尽管造型语言可由设计师尽情调用来塑造产品风格，但造型语言应在风格内容确定的范畴内，将风格阐释的理念与内涵转化为视觉语言传达。

在现实设计中，关于家具风格可以根据实际消费偏好从风格元素的比重与风格元素的拓宽两个方面进行设计展开。

3.6.1 风格元素的比重

根据风格在家具设计中的比重多少可以分为三个层次：经典层次、法古遵时、意义层次。

（1）经典层次

将历史上的经典风格元素直接运用到现代家具中，几乎不做任何改变，最多因具体功能尺度或材质工艺略做调整，经典风格元素占整体60%以上（图3-7）。严格来说，这不能称为设计，只能说模仿。这种方法简单方便，比较真实反映设计风格，缺点是缺乏新意，同时因参考原型的限制，有很多家具品种根本找不到现成的参考原型，如明清时期没有沙发、大衣柜等款式家具，如果进行系列化产品设计，需要设计师依据已有原型中的典型特征进一步延伸设计，这是对设计师综合能力的一个考验（图3-8）。水平高的可以将经典元素与现有生活方式等有机融合，也有很多则显得拼凑，毫无美感可言。

（2）法古遵时

在效仿经典的设计风格一种或多种经典元素的同时进行重新诠释、有序组合，甚至顺应时势进行适当的变换与创新，以适应时代的需求。

经典层次在"传承与创新"中更加注重传统、经典元素的传承。前人创造的家具风格与文化固然优秀经典，但当下的居住环境、审美等都发生了巨大改变。真正的优秀文化是需要不断前进的，我们的设计是为了服务当下的品质生活，需要徜徉于不同文明以及艺术之间的相望与交融，因此更需要我们在传承的基础上注重创新。法古遵时的设计中，尽量将经典风格元素控制在整体比例60%以内。这种方法需要设计师在掌握经典设计风格的基础上，具有较好的造型能力与创新能力。

设计案例一：休闲躺椅设计

探寻传统经典与艺术时尚，进行当代创新，赋予中国家具新的设计美学，思考创作一种舒适新生活的可能，这是这款休闲躺椅（前文图1-3）的整个系列家具的设计定位。此款休闲躺椅将法式椅子优雅高贵的生活方式与中式罗汉床的造型与风格相结合，东西方经典的碰撞，经典与时尚的融合，很好地落地于现代人居住的生活特点，让经典设计风格在现代时尚的设计中得到传承与发展。这款休闲躺椅作为该系列的形象产品，名副其实。

设计案例二：沙发设计

该款沙发（图3-9）设计灵感源于北欧风格"45号椅"（图3-10）。北欧风格以人情味、有机型与尚自然为特色。北欧家具总是在朴素中透出有趣、理性中散发出自由气息，舒适随

图3-7　美式餐厅家具

图3-8　中式新古典客厅家具（京熹）

（a）　　（b）

图3-9　沙发（佩梵国际）
（a）沙发　（b）局部细节

性。丹麦设计师Finn Juhl于1945年设计的“45号椅”，作为北欧风格的代表，追求力与美的结合，表达出一种简约自然、舒适亲切、优雅大方的视觉感与触觉感。这把椅子整体造型简约，但设计师同时注重将高品质的传统工艺精神呈现在家具的边缘角落和曲线上，注重细节

（a）

（b）

图3-10　45号椅
（a）45号椅　（b）局部细节

处理，使得作品简约而不简单。而最具特色的是它的扶手，整段扶手曲线几乎找不到任何直线构造，手工打磨赋予它微妙的曲线美感，被称为“全世界最美丽的扶手”，这把椅子被世人称为“全世界最美丽的扶手椅”。

这款沙发将北欧风格与“全世界最美丽的扶手”的圆润与细节作为设计语言运用到沙发设计中，同时结合目标消费群厚重的审美偏好，使得沙发既保持北欧风格的圆润自然，又具有目标消费群喜欢的厚重端庄的气质。

（3）意义层次

不拘泥于浮于表面的设计风格，而是着重于蕴藏在风格背后家具所表达的生活习惯与人文精神，也可称为去风格化设计。去风格化要求我们更注重风格所表达的人文底蕴和精神诉求，家具是经典文化深层次内涵的体现。在这种设计手法中，经典风格元素占整体比例不超过30%。家具设计不被风格固化，没有明显的风格元素，主要通过家具来传递一种新的生活方式和人文精神，没有风格即是风格。随着市场经济的发展和全球经济一体化的趋势，产品的地域身份与风格在日趋淡化，产品买方市场的定势对产品大众化审美需求也已成定局。所以这种方法的优点是设计的家具适应性强，比较国际化。缺点是如果处理不当，容易造成没有特色，产品缺乏个性，所以对设计师综合能力的要求非常高。

任何事物都是双刃剑，家具产品的风格也不例外。风格一方面给予产品以特色并增加识别度，但同时也因产品的风格使得受众面受限。所以我们要根据实际情况采用、追求某种风格，保留多少成分的风格元素，或者采用去风格化的设计手法。

设计案例：沙发设计

这款沙发以“时尚、轻奢”的设计理念，结合“大道至简”的设计哲学，摒弃无意义的烦琐，勾勒出简约大方的形体，结合工艺细节处理，打造出气度超逸、清新脱俗的气质家具

（a）

（b）

图3-11 沙发（联邦家私）
（a）沙发 （b）局部细节

（图3-11）。设计过程中做了减法处理，造型轻巧，线条简洁流畅，扶手处改圆润为45° 钻石切割工艺，呈现出一种简约而高尚的风骨与气度，演绎自在而平淡的当代雅士生活。

3.6.2 风格元素的拓宽

（1）物质文化与非物质文化

风格，就是一种长久以来随着文化的潮流形成的一种持续不断、内容统一、有强烈的独特性的文化潮流。设计是文化的外化、物质化符号，家具产品设计必须与现代文化融合。一直以来，世界主流的文化、时尚、美学多以西方为评价标准。随着中国经济的崛起，东方文化也慢慢崛起，并开始影响到包括家具在内的产品设计领域，产生具有东方文化影响力的国际创新设计。家具设计脱离不了文化，有文化底蕴的设计往往才是最具生命力的设计。

文化包括物质文化与非物质文化两大类。物质文化是人类发明创造的技术和物质产品的存在和组合。非物质文化是指那些非物质形态的、有艺术价值和历史价值的东西，是人类在社会历史实践过程中所创造的各种精神文化。因此，我们在设计时不光要注重那些显在的元素，更要注重非物质形态的精神文化。

中华文化博大精深，是我们创造的无限灵感来源。中国古代哲学三大主流：儒家、道家、释家。儒家讲求积极进取的入世哲学，道家讲究自由洒脱、隐遁出世的生命哲学，释家尚静悟，贵解脱，讲妙悟。中国的禅宗文化充分汲取了道家“无为”“璞朴”“自然”的哲学观念，尤其对“悟”的解读和重视，形成了中式韵味的美学特征，即侧重形外之意，意外之韵，使造物者对器物内在文化有更多的探讨。在艺术表现意境方面，道家侧重于生命的意义，禅宗侧重于韵味，虽有所区别，但两种思想相互交融与互补形成的“意境”美学，被广泛地运用到现代的造物设计中。禅宗是在宁静中感受世界的活力，在淡定认识、繁华落尽之后，体会世界的温情。

理学是宋代文化哲学的重要组成部分。理学认为实现文与质、文与道之间的统一与和谐才是真正完美的艺术美。在宋代，上至皇帝下至百姓都非常推崇艺术。宋代以“文治”为主，文人阶层无论是在政治还是在社会中都扮演着至关重要的角色，他们的观点和思想都或深或浅地影响到造物艺术。宋代知识分子在审美情趣上的追求与思想观念的变迁，对造物历史的发展起到推动作用，喜欢简洁、清新、脱俗、美观、雅致、适度的造物设计，注重实用便捷，以功能为主要目的。宋代倡导儒家思想“天人合一”，这是一种超凡脱俗的精神境界，既富有理性的思潮，又带有一些浪漫的诗情画意，使得宋代艺术具有浑然天成、自然朴素、简洁干练的特征。

设计案例：茶几设计

这款茶几设计（图3-12）突破传统的储物形式，几面中间采用旋转转盘形式，增加了产品内部的储物空间，同时通过不同材质（木材、岩板、金属）的搭配，增强了产品的时尚感，运用隐喻的设计手法表达了《道德经》中“玄之又玄，众妙之门”“有物混成，先天地生”的哲学思想。

（a） （b）

图3-12 茶几（明堂红木）

（a）茶几 （b）局部细节

（2）五感设计

“五感”是指视觉、听觉、味觉、嗅觉、触觉五种感觉。以视觉为中心的感官体验在以往的设计中已普遍存在，利用设计语言表达设计风格，无外乎利用视觉感知的形态、色彩、材质、结构工艺等手段通过一定的方式呈现家具产品。但是随着时代发展，人们对事物认知的体验方式和途径也在不断拓展，视觉和其他四感相互交融，将家具设计带入更加广阔的天地。同样，风格元素也不仅限于视觉元素，我们还可以从其他几种感觉中去探寻完全不一样的形式。当我们从视觉、触觉、味觉、听觉、嗅觉五个不同的方向去深入思考并将其运用到设计中时，便可以创造出与众不同的消费体验。

本章小结

风格是精神个体化的表现，是一个国家或者一个区域经过长久的沉淀，形成的自身民族文化传承。家具风格名称大致可归为三类，即以时间、地域、特征命名。风格一方面给予产品以特色并增加识别度，但同时也因产品的风格使得受众面受限。我们要根据实际情况采用、追求某种风格，保留多少成分的风格元素，或者采用去风格化的设计手法。风格，就是一种文化潮流，分物质文化与非物质文化两大类。我们在设计时，除了那些显在的元素，更要注重其内在的精神文化元素。

作业与思考题

（1）请分别归纳总结意大利、法国、英国、德国、美国的古典与现代家具所呈现的视觉元素。

（2）请寻找一个中国传统优秀非物质文化与家具设计结合的案例。

（3）北欧现代家具风格是什么？请找出具代表性的10款家具产品进行分析。

（4）家具造型设计中可用的中国元素有哪些？

（5）请寻找五感设计的经典案例，并尝试在家具设计中用除了视觉以外的一种或多种感觉。

第4章　家具功能与造型

形式追随功能。

产品内在的功能美是相对于产品外观装饰美而言的。最初人们认为产品的使用价值、经济价值属于实用的范围，无美可言，产品的审美价值主要表现在产品表面的形式装饰上。在欧洲封建贵族的倡导下，轻视实用、追求装饰的风气盛行，经历了17世纪的“巴洛克”风格，在18世纪的“洛可可”风格中到达顶峰。人们热衷在家具上雕刻极其复杂的花纹，刻意增加立柱、檐帽、底座、线脚等装饰手法，这种注重产品外观装饰美的倾向导致了浮夸的形式。

为了纠正这种偏颇，一些有前瞻性的设计师开始从钢筋混凝土结构与机器本身去探求一种新的美，即与功能结构相统一的美。芝加哥学派的现代主义建筑大师路易斯·沙里文勇敢地提出了一种设计理念：“形式追随功能（Form Follows Function）”，强调美与实用应该吻合，一件产品形式只要明显地表现它的功能，那就是美的。在我国刚刚起步的家具设计发展初期十分清晰地显示，家具设计首要任务就是美化产品，即所谓的“家具造型设计”，这也进一步说明家具造型设计只是家具设计的初级阶段。因为就造型而造型的结果，很容易使设计师迷失方向，最终导致非常诡异的产品出现。很显然，国内早些年的一些家具设计大奖赛的很多获奖作品就属于这一类。勒·柯布西耶曾说：“设计如果不符合功能目的，一看上去就在使用上不方便，那不管怎样讲究外观美，并加以细部的装饰，看起来也不会是美的。”因此，产品的功能价值是设计的核心内容。

实际上，家具设计的创新手法非常多，而功能是家具创新的重要途径之一。家具设计若建立在对功能的深入研究分析和对人性关怀的基础上，是对功能的自然演绎与真实的情感表达，则会带来新的令人兴奋的视觉感受。

4.1　家具的功能形式分类

家具经过几千年的发展，在人们的日常生活与工作中起到重要的作用，已演变出功能各异、造型繁多的多种形式。家具的分类方法也非常丰富，可从风格、材料、结构、功能等多个角度进行分类。家具的功能形式主要可分为五大类。

（1）椅凳类家具

椅凳类家具指各类椅子、凳子、沙发等坐具。具体又可分为沙发、休闲凳、餐椅、餐凳、妆椅、妆凳、床尾凳、书椅、休闲椅、摇椅、躺椅、换鞋凳等。

（2）桌案类家具

桌案类家具指各类桌子、条案等凭倚类家具。具体又可分为茶几、角几（边几）、餐桌、梳妆台、书桌、条案等。

（3）橱柜类家具

橱柜类家具指各种收纳的橱柜、架等家具。具体又可分为电视柜、餐边柜、酒柜、装饰柜、衣柜、斗柜、书柜、书架、博古架、间厅柜、门厅柜、橱柜、卫浴柜等。

（4）床榻类家具

床榻类家具指各类床或供躺着休息的榻类家具。具体又可分为床、罗汉床、上下床等。

（5）其他类家具

其他类家具如花架、屏风、衣帽架、穿衣镜等家具。这类家具多属于综合配套家具，不像沙发、床、餐桌等在特定的空间中扮演主角，它可以在不同功能空间搭配使用，起到很好的烘托氛围与辅助作用。

4.2　橱柜功能

4.2.1　功能分析

家具设计的本质就是在家具产品设计方面为人们对美好生活的向往而做出的最大努力，而幸福就是人们向往追求的物质与精神需求两方面的满足与实现。功能需求就是基本的物质需求，也是“形式追随功能”理念的基础。按功能的重要程度，家具的功能可分为基本功能与辅助功能。

在设计前，我们需要有针对性地对所设计的家具产品进行理性的功能分析，先列出家具的基本功能与辅助功能，然后进一步进行功能细化，再提出设计解决方案，即设计响应的方法。所有的家具功能设计可以沿着这条思路去开展，这里以床头柜为例（图4–1）。

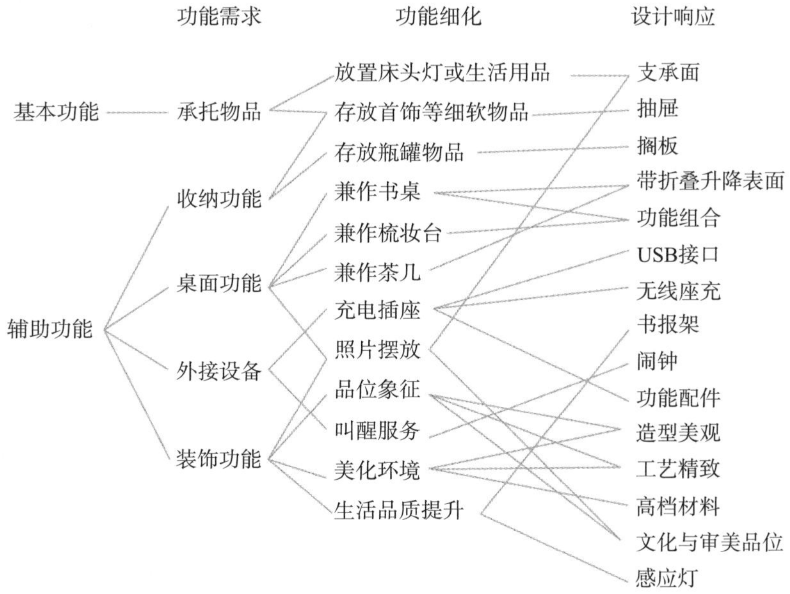

图4–1　床头柜功能分析

从图中可以看出，床头柜的基本功能就是临时存放睡觉前取下的一些物品（如书籍、手表、手机等）或者提供睡觉前需要的一些辅助功能（如照明等）。这样我们在设计时只要提供一个支承面就可以完成床头柜的基本功能，可以是一个托盘形式（图4–2），也可以借用活动几的面板完成此功能（图4–3和图4–4）。这样的设计突破了传统床头柜形式，简洁且便宜，体现生活的闲适氛围；缺点是功能形式不够丰富，陈放量小，而且物品全部外露，容易产生杂乱现象。

需求是多变的，而且各式各样。也有消费者想能在床头柜上有更多的收纳方式，除了支承面以外，可以尝试抽屉、搁板、储物盒等进行设计响应（图4–5和图4–6）。

也有消费者希望能实现在床上喝咖啡或者吃早餐，但又想有别于病房的那种床尾设置翻折的小餐桌形式，我们可以尝试设计一款能将面板伸展出来作为几面使用的床头柜（图4–7）。显然，只要我们能深入洞察消费者需求，并积极开动脑筋，创意就会源源不断而来。

（a）

（b）

图4–2 床头托盘（悠美）

（a）床与床头托盘 （b）床头托盘

图4–3 床头几（1）

（Poliform）

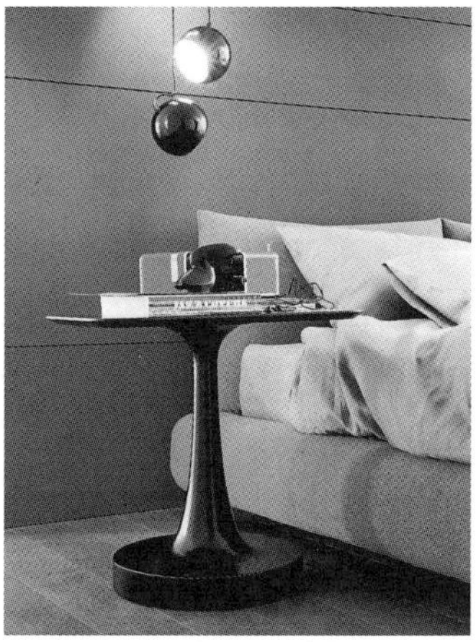

图4–4 床头几（2）

（Poliform）

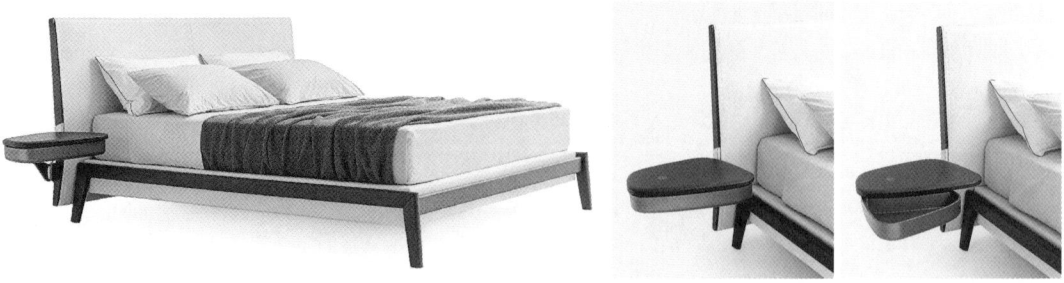

（a） （b） （c）

图4–5 床头盒（Poliform）

（a）床与床头盒 （b）床头盒 （c）打开状态

（a）　（b）　（c）

图4-6　床头柜（Porada）

（a）比洛（Bilot）（b）摄政2（Regent 2）（c）细胞（Cell）

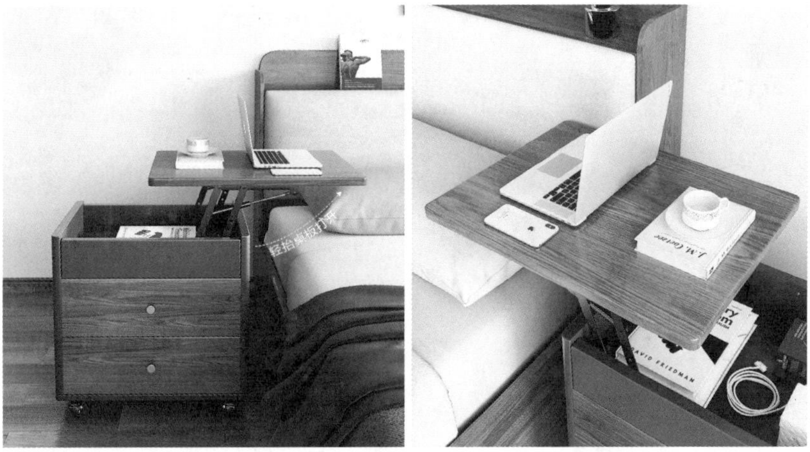

（a）　（b）

图4-7　多功能升降床头柜（古宜）

（a）床头柜　（b）局部细节

这里需要强调的是不是每种我们想到的功能需求都要去进行设计响应。因为越多的功能设计响应意味着结构工艺的复杂、成本的增加，所以我们还要针对实际需求进行合理取舍。如为了满足消费者的充电、闹钟提醒等多种功能，我们可以设计一款与床头柜配套的带有这些功能的配件（图4-8），可以单独销售，这样消费者可以根据实际需求选择购买此配件，增加了选择性。

毫无疑问，用这样的功能分析方法去设计，可以创新出许多形式的家具，也更容易打动消费者（图4-9和图4-10）。

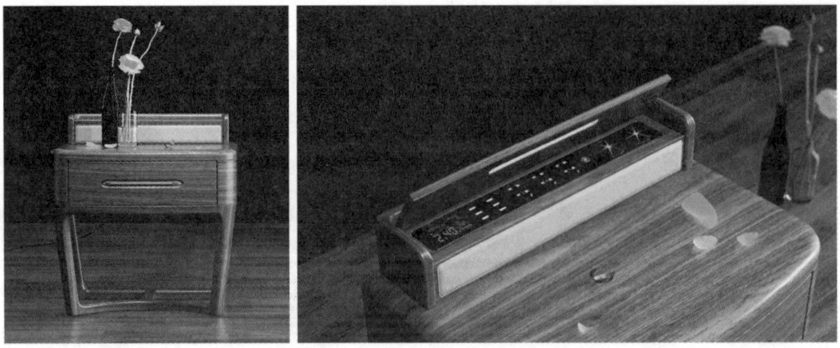

（a） （b）

图4-8 多功能床头柜（1）

（a）床头柜 （b）附加配件

（a） （b） （c）

图4-9 多功能床头柜（2）

（a）床头柜 （b）隐蔽置物格（1）（c）隐蔽置物格（2）

（a） （b） （c）

图4-10 多功能床头柜（3）

（a）床头柜 （b）台面托盘 （c）托盘竖立

4.2.2 尺寸区间

为了提高空间的利用率，橱柜类家具一般多采用立方体形式，主要存在长、宽、高三个方向的尺寸区间。

（1）高度设计

在高度方面，最常采用的方法是依据人们在存取物品时可操作的活动可能范围，并结合物品的大小、重量与使用频率去考虑存放的位置。通常是以人站立时手臂的上下活动幅度为依据，按方便程度来说，可分为最佳幅度和一般可达极限，同时兼顾弯腰或蹲下时的活动范围，依次划分为五个区域（图4–11和图4–12）。

第一区域，手臂下垂时手指尖到肩膀之间区域。这个区域存取物品最为方便，也称为最佳区域。这个区域可以采用开放的架格形式，也可以采用封闭的开门、推拉门、下翻门与抽屉形式。

存取形式	存取物品	高度区间
开门、推拉门、上翻门	不常用物品、换季轻巧物品	第五区域
架格、开门、推拉门、上翻门	不常用物品、换季轻巧物品	第三区域
架格、开门、推拉门，不建议用翻门、抽屉	常用物品、展示物品	第二区域
架格、开门、推拉门、下翻门、抽屉	常用物品	第一区域
开门、下翻门、抽屉、推拉门，少用架格	不常用物品、较重物品	第四区域

图4–11　橱柜功能区域划分

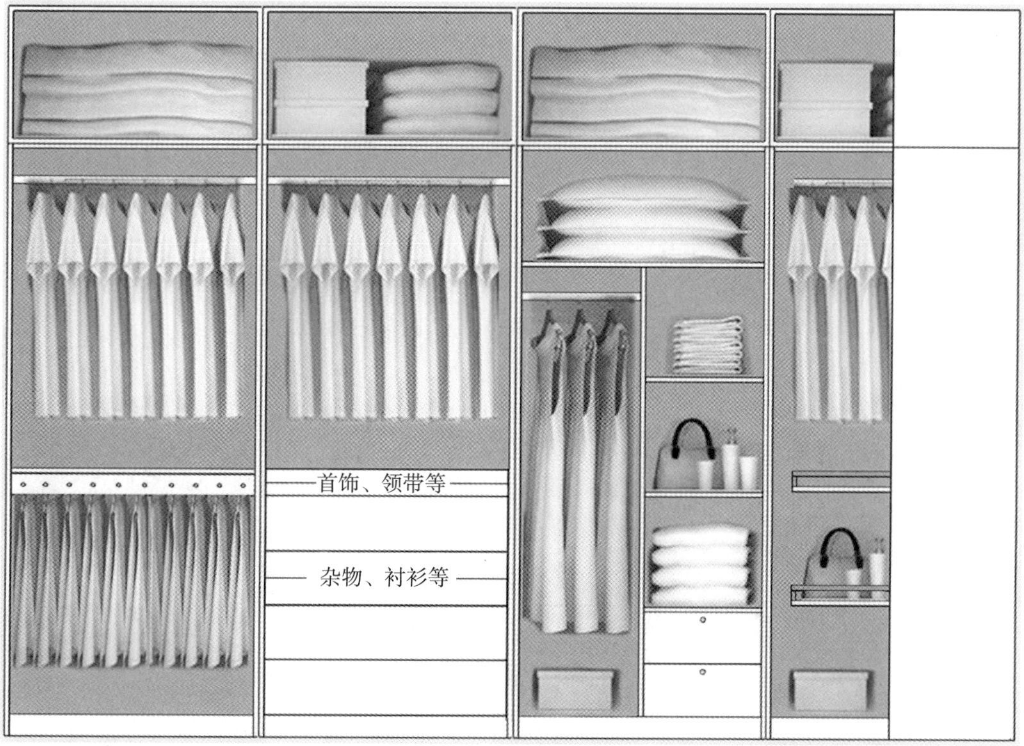

图4–12　衣柜内部功能区域划分示例

第二区域，肩膀到眼睛高度区域。这个区域相对第一区域来说，存取物品时需手臂上抬超过肩膀高度，比第一区域要费力一些，但此部位视线最佳，所以可以存取一些常用物品或展示功能要求高一点的物品。这个区域可以采用开放的架格形式，也可以采用封闭的开门与推拉门形式。因易超过肩膀高度，考虑使用的便利性，不太建议采用抽屉与翻门形式。此外，抽屉本身加上内部存放物品的重量较大，容易存在安全隐患。

第三区域，眼睛到手臂上伸指尖高度之间的区域。这个区域存取物品时需要上臂上伸，比较费力一点，建议放置一些不常用或换季的轻巧物品。这个区域可以采用开放的架格形式，也可以采用封闭的开门与上翻门形式。

第四区域，地面到下垂手指尖高度之间的区域。这个区域存取物品时需要弯腰或下蹲，更加费力，建议放置一些不常用或较重的物品。这个区域可以采用开放的架格形式，也可以采用封闭的开门、推拉门、下翻门与抽屉形式。因这个区域离地面较近，考虑防尘防潮，一般不建议用开放的架格形式。此外，考虑到柜门或抽屉可能在使用中存在下垂现象，需要考虑其安装高度离地一定的距离，以防发生碰擦现象，同时兼顾防尘、防潮，一般最底层搁板离地50mm以上。

第五区域，手臂上伸手指尖到顶棚之间的高度区域。这个区域存取物品需借助其他物品进行登高才能完成，操作最为不便，建议放置一些不常用或换季的轻巧物品。这个区域因位置较高，打扫卫生也同样极为不方便，不建议采用开放的搁架形式，建议采用封闭的开门、推拉门或上翻门形式。

这里采用的人体尺度依据人体工程学原理，采用站立时第50百分位的尺寸数据。若设计坐着使用的橱柜类家具，如靠近书桌旁的书架，则可以按照坐着时人体尺度的第50百分位尺寸数据。

橱柜类家具总体高度除了采用以上原则以外，还有其功能性质与采用材料、结构工艺、空间尺寸等多种因素。如床头柜的高度，通常跟床铺高度接近，太高或太低都不方便使用，常见高度在480~560mm，这个高度指床头柜表面离地的距离。若床头柜有其他配件或采用一些特殊的结构形式，则高度适当增加（图4-13和图4-14）。

欧式、美式一些经典款式床头柜因其空间尺度以及人的使用习惯等因素的影响，尺寸一般比我们的床头柜大很多，床头柜高度达800mm左右（图4-15）。

图4-13　同步（SYN）

图4-14　新中式床头柜

图4-15　美式床头柜

近年来，市场上定制家具非常火爆。这是为了充分利用一面墙体空间，但由于每个户型的每道墙的面积不同，在高度与宽度方向需要撑满时，活动家具（也称成品家具）尺寸无法对应，这时就显示出定制的优势。定制橱柜在高度方向通常采用“顶天立地”的方式，由于空间高度大多超过常用标准工业板材的规格尺寸（四八尺，即1220mm×2440mm，有些企业采用更大规格的板材），因此需要做成上下两个柜体，这样下面的柜体高度可以标准化，调整的余地留给上面顶柜来处理（图4–16）。由于顶柜中适宜放置不常用的物品，内部不需要设置其他构件，柜体结构相对简单，只要定制垂直构件的尺寸就好，可以采用几种标准高度的标准柜体，留下部分做收口处理即可。

此外，在高度方向设计时需要注意抽屉、拉手、翻门、挂衣杆等功能部件的高度位置。通常抽屉设置不宜超过肩高，绝对不能超过视线高度，否则不仅影响使用，也会因抽屉自重与装载物品多时重量过大，位置过高，存在安全隐患，某企业的“斗柜门”事件已给我们警示。拉手正常设置在柜门中间位置（图4–17），但吊柜拉手尽可能设置靠下，而地柜拉手可适当靠上；上、下翻门位置要考虑翻折后是否遮挡视线；挂衣杆设置要考虑手够得到的范围（图4–18）……总之，一切以人使用时的便利性、安全性为原则。

图4–16　艾写意衣柜

图4–17　艺树胡桃衣柜

（a）

（b）

图4–18　衣柜

（a）衣柜　（b）内部空间

（2）宽度设计

在宽度方向，橱柜类家具设计时的考虑因素主要有存放量、存放方式、跨度大小对承重的影响等，一般采用几种不同宽度规格的标准柜体来组合，增加选择性的同时便于包装运输，这种设计方法最早广泛应用在厨房的橱柜设计中（图4–19），现在已经发展得非常成熟。

影响橱柜宽度的还有一个重要因素：所处的空间位置与尺寸。如电视柜设计需要考虑电视背景墙的宽度尺寸、空调位置等，目前1800～2200mm宽的电视柜受众面最广（图4–20）。

成品衣柜多放置在卧室进门一侧，那么衣柜最大宽度应该控制在“卧室开间尺寸—卧室门及门套宽度—开关空调面板宽度”尺寸范围以内（图4–21）。同时，橱柜内部最大宽度还要考虑挂衣杆、搁板等的承受能力以及板材的利用率等。如因考虑到工业板材规格尺寸

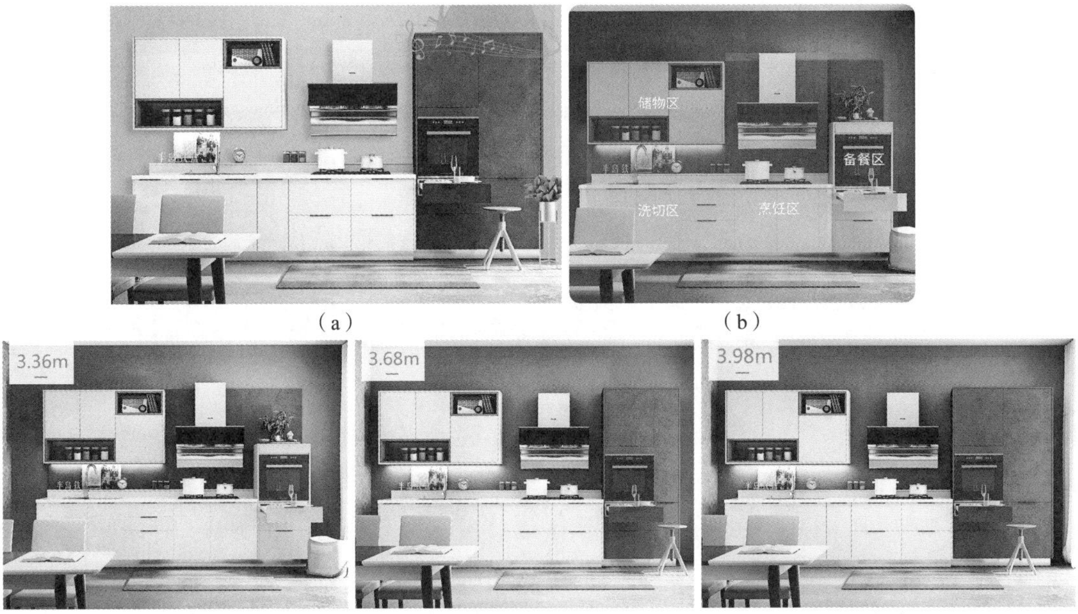

（a） （b）

（c） （d） （e）

图4–19 橱柜

（a）橱柜 （b）功能分区 （c）3.36m橱柜 （d）3.68m橱柜 （e）3.98m橱柜

图4–20 电视柜

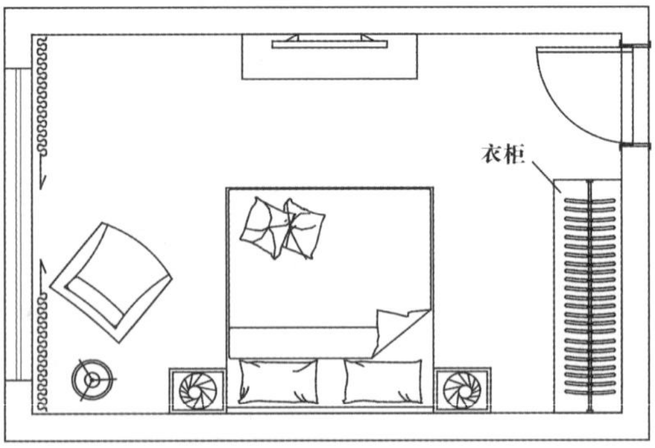

图4–21 衣柜空间限制

（1220mm × 2440mm），书柜常见宽度尺寸为800mm。

定制衣柜可以通过功能模块实现不同尺寸与功能的需求，常见的有储物区、梳妆区、功能区、展示区等主要功能区域。定制橱柜的最大优势就是可以根据排列组合原理组合出各种各样形式的柜体，能满足不同的功能需求，并充分合理地利用有效的空间，使其更加人性化（图4–22）。

（a）　（b）

（c）　（d）

图4–22　定制衣帽间

（a）衣帽间一 （b）衣帽间二 （c）衣帽间三 （d）衣帽间四

储物区充分体现了人体工程学的合理运用，需要悬挂收藏的服装置于中部或中上部，需要分隔存放的衣物置于中下部，抽屉的位置也很便利。最上部存放不常用的被褥、箱包、坐垫、帽子等；最下边可存放鞋盒、常用的公文包、旅行包等。

对储物区又可以进行如下分类：

挂放区——套装、正装、外衣、大衣及正规的西装、皮衣、西裤、西服裙、长裙等都应该挂起来。

叠放区——这一区域由各类空格组成，大的可以放被褥，小的可放叠好的衬衣等。

内衣区——内衣、内裤等可以分层次存放于此。

鞋袜区——袜子可以叠成小方块或卷成小卷，鞋则洗净鞋底放入盒内，并用鞋楦或纸团撑起存放在该区域。

被褥区——被褥、毛毯、坐垫、沙发套、窗帘等叠好放于较高或较低但不常用的大空格里。

箱包区——皮箱、旅行包放于最顶部。

玩具区——不规则的毛绒玩具可由大纸盒或深篓来盛起存放。

杂物区——地毯、凉席等日常杂物可卷起立于杂物区内。

梳妆区——是有女主人的衣帽间里不可缺少的一部分，梳妆区可自成一体，也可隐入储物区的推拉门中，以保持整体性。

功能区——主要包括穿衣镜、折叠熨斗、消毒护理机等。

展示区——主要用来陈放饰品、帽子等同时具有展示功能的物品。

随着定制柜类家具的普及与发展，其内部功能配件的发展也十分迅速，市面上已经出现各式各样的功能配件，如多功能收纳盒、裤挂架、抽篮等，不仅方便存取物品，还可以合理划分空间，使各种物品和用具“各得其所”，而且还能将拐角处的空间充分利用，实现空间使用价值的最大化（图4-23）。在设计时不仅要善于利用已有的功能配件，甚至还可以自己开发更加适用的专属配件。

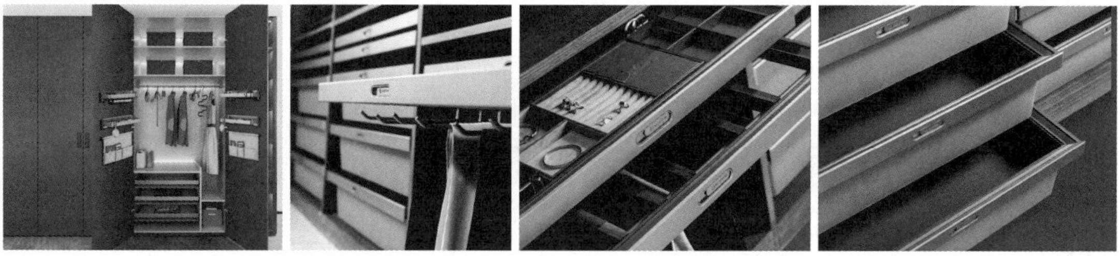

（a） （b） （c） （d）

图4-23 功能配件

（a）定制衣柜内部功能区间 （b）裤架 （c）多功能收纳盒 （d）抽篮

（3）深度设计

在深度方向，设计相对简单，一般根据功能需求考虑。板式家具同时结合32mm系统的设计要求来推导出一个最佳尺寸即可。

4.3 桌案功能

桌案类家具是指辅助人站立或坐着使用的几案桌台家具。通常桌几类家具辅助人坐着使用，如餐桌、书桌、茶桌、茶几等；案台类家具指辅助人站立使用的家具，如吧台、平头案、翘头案、画案等。但也有例外，如梳妆台实际上指的是坐着使用的梳妆用家具。

4.3.1 功能分析

桌案类家具的功能分析跟床头柜一样，应尽可能充分列出目标消费群对桌案类家具的各种功能需求，然后再根据需求提出各种可能的解决方案。

以餐桌为例（图4-24），餐桌的基本功能就是辅助人们就餐活动，这样在设计时只要提供一个支承面就可以放置就餐时需要的餐具与食物，并使得就餐者有足够的空间进行就餐。

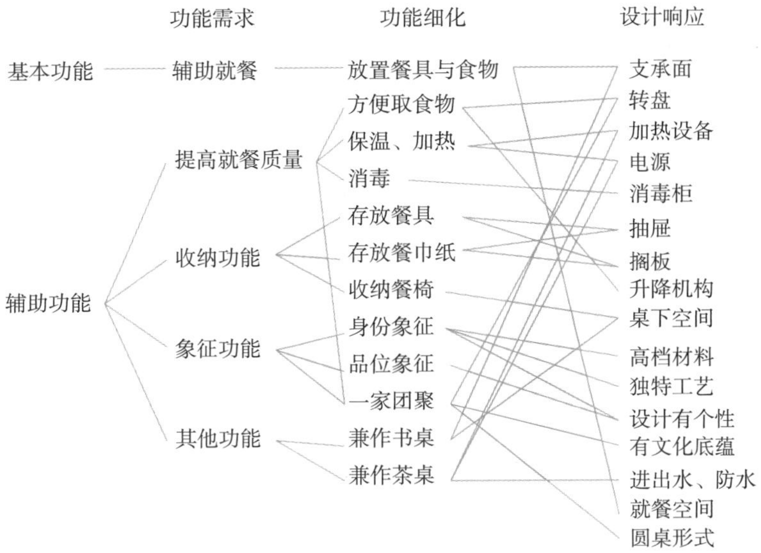

图4-24　餐桌功能分析

但是餐桌也要努力实现人们对美好生活的各种向往，于是会产生相关的各式各样的需求，根据商业设计特点，可以不要对每一种需求都进行设计响应，但是对有些潜在的需求设计响应也许就是我们设计的亮点与特色。

4.3.2　尺寸区间

桌案类家具的设计也存在三个维度方向的尺寸区间。

（1）高度设计

桌类家具是人坐着使用的，所以在高度方面首先要考虑配套用的坐具高度。比如说炕桌是我们坐在炕上使用的桌子，吧台除了站立使用，很多配置吧凳或吧椅使用。因此，桌子的高度与坐具的高度是保持一定的尺度配合关系的。

桌面的高度（桌高）与人体动作时肌体的形状与疲劳有着密切的关系。过高的桌子容易造成脊椎侧弯和眼睛近视等弊病；此外，桌子过高还会引起耸肩和肘低于桌面等不正确姿势，而引起肌肉紧张、疲劳。桌子过低也会使人体脊椎弯曲扩大，易使人驼背、腹部受压，妨碍呼吸运动和血液循环。设计桌高的合理方法是先有配套的坐具高度，然后加上桌子与坐具的高差尺寸（图4-25），即：

图4-25　桌面高度

桌高 = 座高 + 桌椅高差（约 1/3坐高）

这里的座高，指的是座面的高度；桌椅高差指的是桌面与座面之间的高度差；坐高指的是人体就座时座面到头顶的垂直距离，是一种人体尺寸。

桌椅高差的常数可以根据人体不同使用情况适当变化。国际上桌椅高差多采用300mm，中国为250～320mm。此外，设计桌面高度时，还要根据不同的使用特点酌情增减。如设计中餐桌时，考虑到端碗吃饭的进餐方式，餐桌可略微高一点，一般在720～780mm，其中750mm最常用，书桌高度也基本一致；若设计茶桌高度时，需要在桌面进行较多的泡茶动作，手臂抬高的操作行为较久容易疲劳，茶桌就可低一点，一般在660～700mm，其中680mm最常用（图4–26）；如果设计适于盘腿而坐的炕桌，一般多采用320～350mm的高度；若设计与沙发配套的茶几，可与沙发座面差不多或略高于沙发座面，一般在380～460mm；若设计与休闲椅配套的休闲几，可取略低于椅子扶手高的尺度，一般在500～600mm。

当因工作内容、性质或设备等限制，必须使桌面增高时，则可以通过加高座面的高度，并增设脚垫或踩脚档来弥补这个缺陷，使得脚垫或踩脚档与座面之间的距离、桌椅高差均保持在正常高度即可（图4–27），如常见的吧台、吧凳配合使用（图4–28）。

站立用案台类家具高度是根据人站立时自然屈臂的肘高来确定的。按人体工程学原理，常用高度取第50百分位的尺寸作为参考依据，案台类家具高度以900～1100mm为宜，具体根据使用时用力情况酌情增减。如厨房用的橱柜台面高度，考虑到切菜等用力行为，可适当降低高度，一般取860mm左右。

图4–26　茶桌

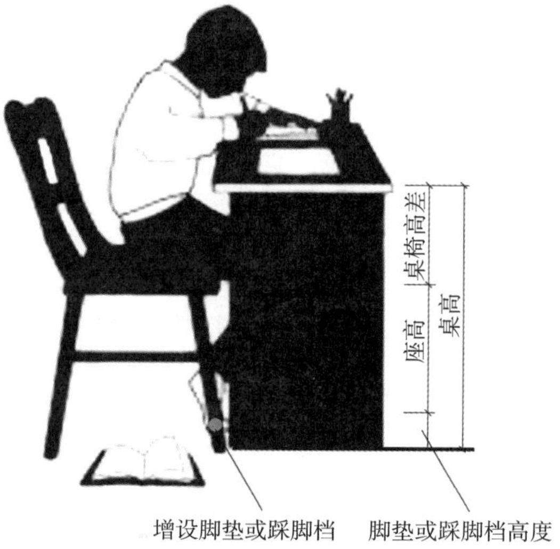

图4–27　增设脚垫或踩脚档

图4–28　吧台和吧凳

（2）桌面宽度与深度设计

桌案类家具面板的尺寸应以人坐着时手可达到的水平工作范围为基本依据，并考虑面板上可能置放物的性质及其尺寸大小。如果是多功能的或使用时需要配备其他物品时，还应在面板上加设附加装置。

这里以中餐桌为例，详细说明餐桌桌面尺寸的确定方法。餐桌的大小首先要根据需要安排多少人一起就餐，然后再由进餐布置区与进餐公用区两部分组成。进餐布置区表示每一个用餐者面前的个人用餐区域，理论上讲，这个区域应能放得下餐具、碗筷及酒杯等，应能使用于整个进餐过程，无论是吃饭前的布置还是吃完饭杂乱无章的残局都应能满足。这个区域的宽度还要适应人体尺寸以及假设的人们在进餐过程中所具有的各种姿势，例如人的胳膊肘不可避免地要伸出来等。对于中餐桌，应以人体占用桌边缘的宽度去考虑桌面的尺寸，设计时要考虑高个子人的人体最大宽度，每人就餐舒适的宽度按600～700mm来计算，在条件有限的情况下，可缩小为550～580mm，各类多人用桌的桌面尺寸就是按此标准推算的。

桌面深度尺寸需综合考虑进餐公用区、就餐人数、餐厅空间等多个因素。进餐公用区摆放各式各样的菜盘、餐具、桌面中间装饰物等，这个区域的尺寸变化很大，与之有关的因素有生活习惯、进餐方式、礼节礼仪等。结合中国家庭现状，餐桌多采用长方形与圆形两种形式。方桌由于角状划分，大大减少了个人使用面积和进餐公用区的面积（图4–29），所以很少用于餐桌，多为棋牌桌、茶桌等其他用途。以下为目前常用尺寸，仅供参考。

方桌边长：600～800mm；长餐桌桌面尺寸：4人用1200mm×800mm、6人用（1400～1600）mm×（800～900）mm；圆餐桌直径：3人用700mm、4人800mm、5人用1000mm、6人用1200mm、7～8人用1350mm、8～9人用1500mm、9～10人用1800mm、10～12人用2000mm、12～13人用2200mm、13～15人用2500mm。

多人用圆餐桌为方便就餐人取到中间公用区实物，多配置中间转盘，边上个人进餐布置区深度建议保持在280～380mm（图4–30）。

图4–29　方餐桌

图4–30　舒雨圆餐桌

（3）桌面倾斜度

桌案类家具面板还有一个重要的尺寸数据，即倾斜度。普通的桌面多保持水平即可，但对于视觉效果要求较好的桌案类家具的面板，如阅读桌、演讲台等，最好有15° 的斜面，能使人获得舒适的视域（图4-31）。因为当视线向下倾斜60° 时，则视线与倾斜桌面接近90° ，文字在视网膜上的清晰度就高，既便于书写，又使背部保持着较为正常的姿势，减少了弯腰与低头的动作，从而减轻了背部的肌肉紧张和酸痛现象。但在倾斜的面板上，往往不宜陈放物品，所以不常采用。

（4）置腿空间

人体就座时，腿部位于躯干前方，为保证下肢能在桌下放置与活动，桌面下应留有一个置腿空间，其净空高度应考虑第95百分位的大腿厚度尺寸。如果桌面下设置抽屉，抽屉底板不能太低，桌面到抽屉底的距离应不超过桌椅高差的1/2，即120~160mm，这样桌子抽屉的下缘离开座面至少保持178mm的净空，搭配普通座面高度，抽屉底到地面至少保持580mm的净空。净空的宽度与深度应保证腿的自由活动与伸展（图4-32）。需要注意的是，餐桌的桌下空间除了考虑腿的活动空间以外，还要考虑不使用状态时餐椅的收纳空间。

（5）置足空间

站立用案台类家具的下部不需要留有腿部活动的空间，通常是作为收藏物品的柜体来处理。但在底部需有置足空间，一般做凹进处理，通常内凹高度为80mm、深度为50~100mm（图4-33），以适应人紧靠工作台时着力动作的需要，否则难以借助双臂之力进行操作。

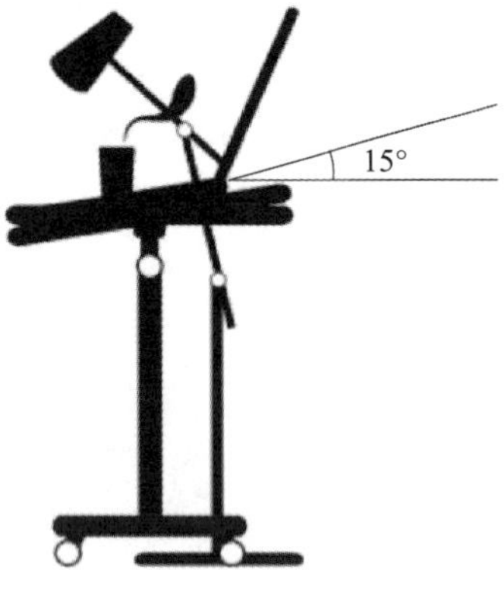

图4-31 桌面倾斜度

图4-32 置腿空间

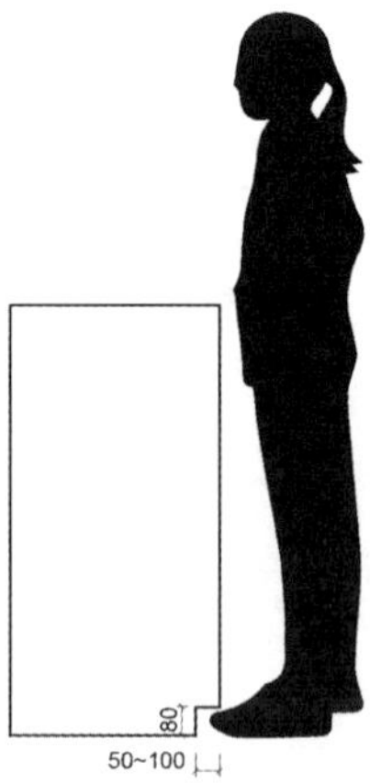

图4-33 置足空间

4.4 床榻功能

床榻类家具是指供人躺下来休息的家具。其中，作为日间短时间休息用的叫榻，主要用于晚上睡眠休息用的称为床。

4.4.1　功能分析

床榻类家具使人躺下后能尽快舒适入睡，帮助消除疲劳、恢复精力与体力。在此基础上，再考虑其他辅助功能（图4–34至图4–38）。

人们偶尔在公园或车站的长凳或硬板上躺下休息时，起来会感到浑身不舒服，身上被木板压得生疼，因此床面需要加一层柔软的材料。这是因为正常人在站立时脊椎的形状是S形，后背及腰部的曲线也随之起伏；当人躺下后，重心位于腰部附近。从人体骨骼肌肉结构来看，人在仰卧时，腰椎的弓背高从站立时自然状态的40 ~ 60mm减小为20 ~ 30mm（图4–39），更接近伸直状态，所以不能把人的仰卧简单看作是站立的横倒，即使仰卧与站立的骨骼、脊

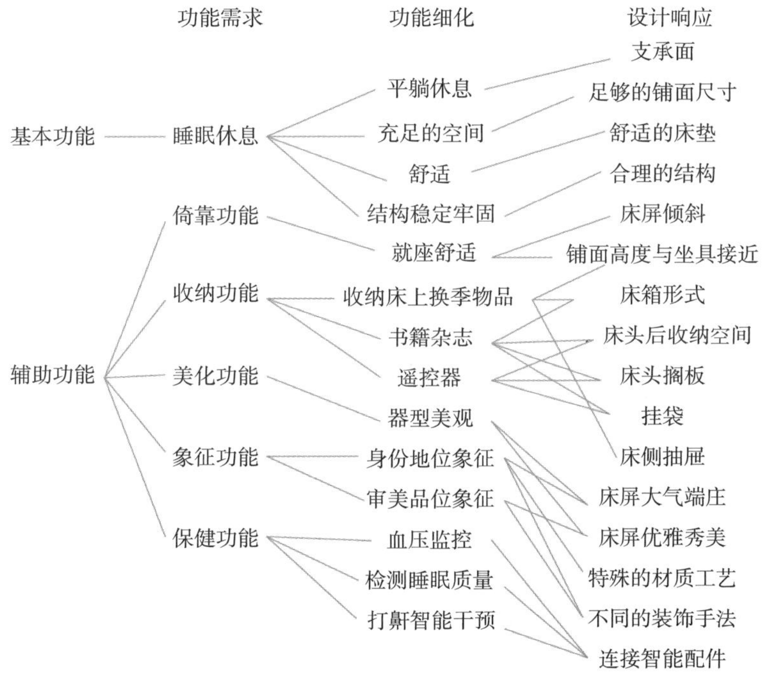

图4–34　床的功能分析

图4–35　扫地机器人钻入空间

图4–36　踢脚线空间

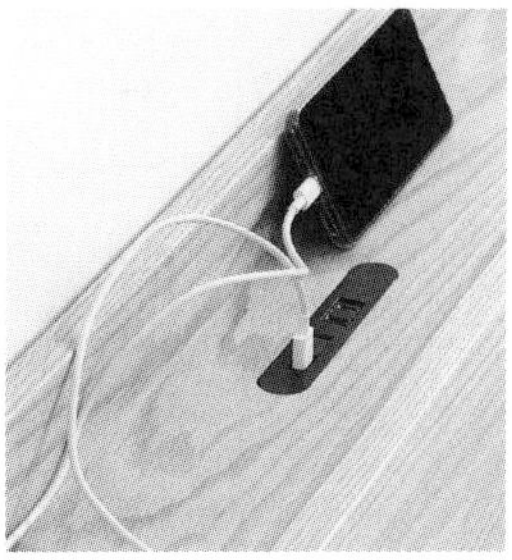

图4–37　电源插座

图4–38　红外感应灯带

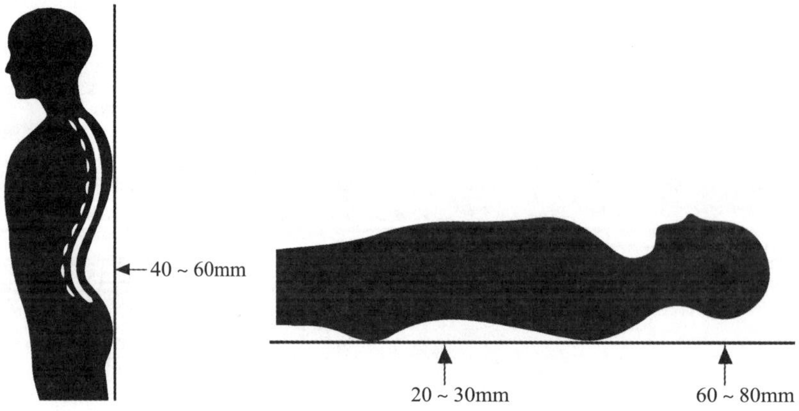

（a） （b）

图4-39 弓背高
（a）站姿 （b）仰卧

椎状态相同，但由于各部分肌肉的受力情况不一样，仍然会使人感到不舒适而睡不着。舒适的仰卧姿势是顺应脊椎的自然形态，使腰部与臀部的压陷略有差异，差距以不大于30mm为宜。这样的仰卧姿势，人体受压部位较为合理，有利于睡眠姿势的调整，肌肉也得到放松，减少了翻身次数，有利于解乏，提高睡眠质量。床或床垫的软硬舒适度与体压分布直接有关，因此为了在睡眠时体压得到合理分布，必须精心挑选一款软硬合适的床垫。过软或过硬的床垫都会出现不同的不适感觉，进而影响睡眠质量。鉴于床垫的工业化生产，这里就不展开讨论了。

4.4.2 尺寸区间

（1）高度设计

床的高度包括三个尺寸：床铺高、床身高、床屏高（图4-40）。床铺高指的是床铺面（床垫表面）与地面的垂直距离，而不是指床体整体高度；床身高指的是床侧高度。

① 床铺高

考虑上下床时床面还要兼顾坐具的功能，并综合考虑上下床时穿衣、穿鞋、铺床等一系列动作，床铺高以略高于使用者的膝盖为宜。过高或过低只会给上下床带来不便，过高导致上下不便，过低又容易在睡眠时吸入地面灰尘，增加肺部的工作压力，同时易使人体受到地面潮气的影响。床的适宜高度一般在480 ~ 560mm，实际床身高度要综合考虑配置床垫的厚度与方式，也可以在结构设计时通过床铺板或

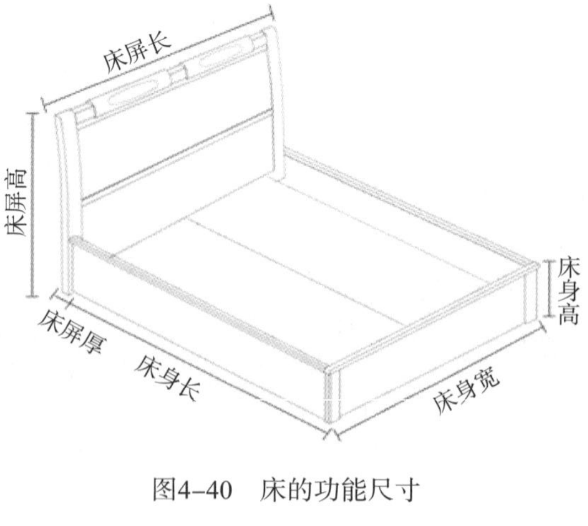

图4-40 床的功能尺寸

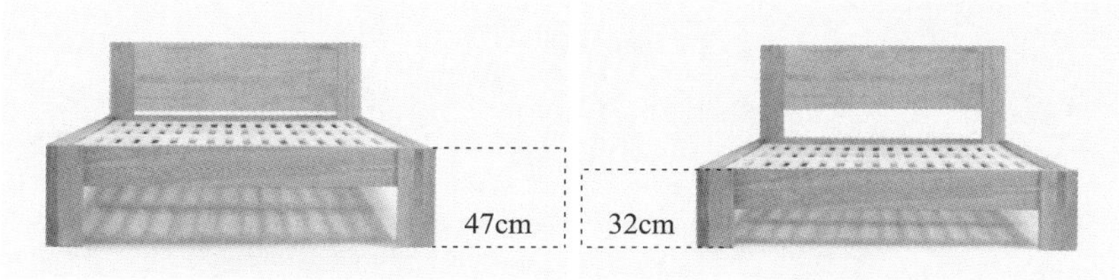

（a）　　（b）

（c）

图4-41　大板床

（a）高床体配薄床垫　（b）低床体配厚床垫　（c）实木床

床体高低的调节或设计来获得合适的床高（图4-41）。

② 床身高

对于床架或箱体床，若选用常见180～220mm厚的床垫，床身高一般采用280～350mm，床垫平放在床架上或嵌入床架20～50mm；对于箱体床，床身高一般采用380～450mm，建议选用厚度在80～100mm的薄床垫，床垫平放在床架上或嵌入床架20～30mm。不管选用哪种规格的床垫，以合理的床铺面高度为第一准则（图4-42和图4-43）。

③ 床屏高

床屏通常兼有床上倚靠作用，所以床屏的高度设计参考椅子靠背，常见床屏高850～1200mm。

对于双层床的间隔高，要考虑两层净高必须满足下铺使用者就寝和起床时有足够的工作空间，以及坐在床上能完成有关睡眠前或床上动作的距离，但又不能过高，过高会造成上下床的不便及上层空间的不足，同时防止由于离地较高而产生恐惧的心理。

建议双层床下床铺面离地高度不超过440mm，层间净高不小于950mm。双层相交叉的床，不但要考虑下层人的动作幅度，还要处理好上层的梯子、扶手、栏板等，安全栏板超过床铺表面不少于200mm（图4-44）。

（2）床铺面尺寸

床铺面的尺寸需要先确定选配的床垫尺寸，而弹簧床垫尺寸根据工业化标准，基本形

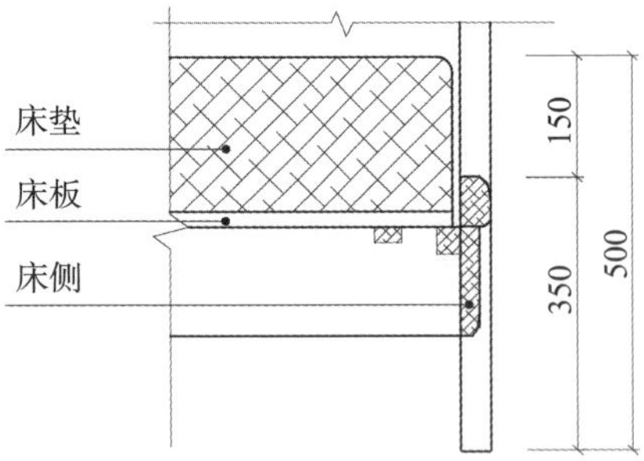

（a）

（b）

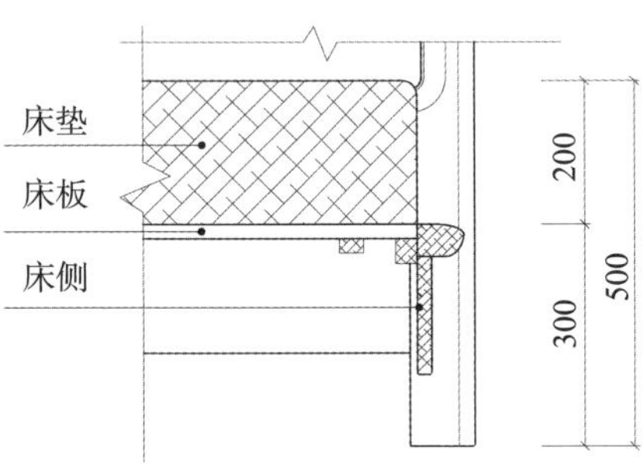

（c）

（d）

图4-42　床垫铺放方式

（a）床垫内嵌式（1）（b）床垫内嵌式（2）（c）床垫平铺式（1）（d）床垫平铺式（2）

（a）

（b）

图4-43　箱体床

（a）箱体床（b）床箱

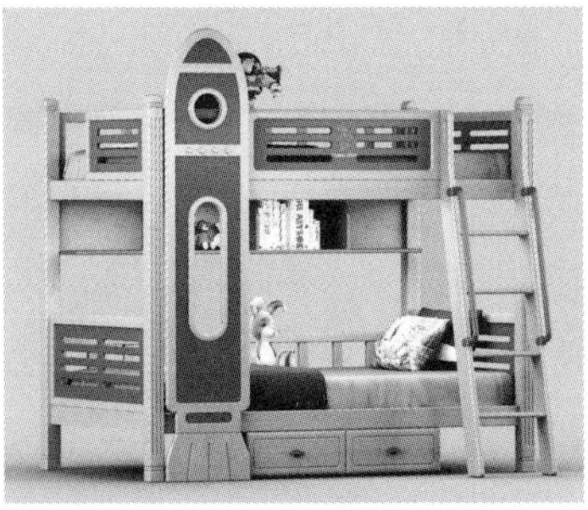

（a）

（b）

图4-44　儿童双层床

（a）形式一（b）形式二

成几种常见规格（表4-1），其中最常用的厚度为200mm与220mm，薄床垫厚度50～180mm不等。

表4-1　　弹簧床垫的常见规格　　单位：mm

<table>
<tr><th>床垫种类</th><th>长度L</th><th>宽度B</th><th>厚度H</th></tr>
<tr><td>单人床垫</td><td rowspan="2">1900/1950/2000/2100</td><td>800/900/1000/1100/1200</td><td rowspan="2">≥ 140
200 ～ 300（间差 10），常用 200 或 220</td></tr>
<tr><td>双人床垫</td><td>1350/1500/1800/2000</td></tr>
</table>

当床垫嵌入床侧内时：

床身宽=床垫宽+两侧床侧厚度+间隙（约20mm）

当床垫平铺在床板上时：

床身宽=床垫宽+两侧余量之和

在长度方向，为防止床垫的滑动，床垫一般嵌入前后床屏之间。

床身长=床屏厚度+床垫长度+床尾厚度与间隙（约20mm）

（3）床屏的倾斜度

根据床屏的倾斜程度可分直屏与斜屏两种形式。直屏结构工艺相对简单，并节约空间，但缺点是倚靠时不如斜屏舒适(图4-45)。斜屏制作相对复杂，但坐靠时舒适，床屏建议向后倾斜角度为7°～10°（图4-46）。

图4-45　直屏

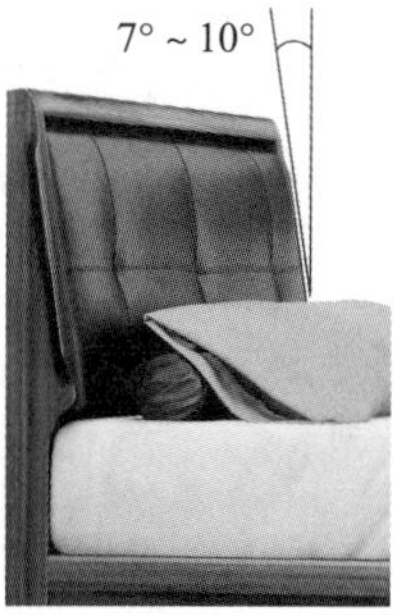

图4-46　斜屏

4.5　椅凳功能

椅凳类家具统称为坐具，其主要功能就是便于人们坐下来休息，在此基础上，再考虑其他辅助功能（图4-47）。

椅凳类家具与人体直接接触，相比其他家具，舒适性要求在设计中的重要性更加显著，因此其尺寸区间是否合理直接关系到设计成败。坐具一般由座面、靠背、扶手等部分组成，只有座面的称为凳子，有座面与靠背的称为靠背椅，有座面、靠背与扶手的称为扶手椅（图4-48至图4-50）。其基本功能尺寸有：座高、座深、座宽、座面曲度、座面倾斜度、靠背长度、靠背倾斜度、扶手高度等。

（1）座高设计

座高是指座面与地面的垂直距离，椅子与沙发座面常向后倾斜或做成凹形曲面，通常以座面前缘到地面的垂直距离作为座高。

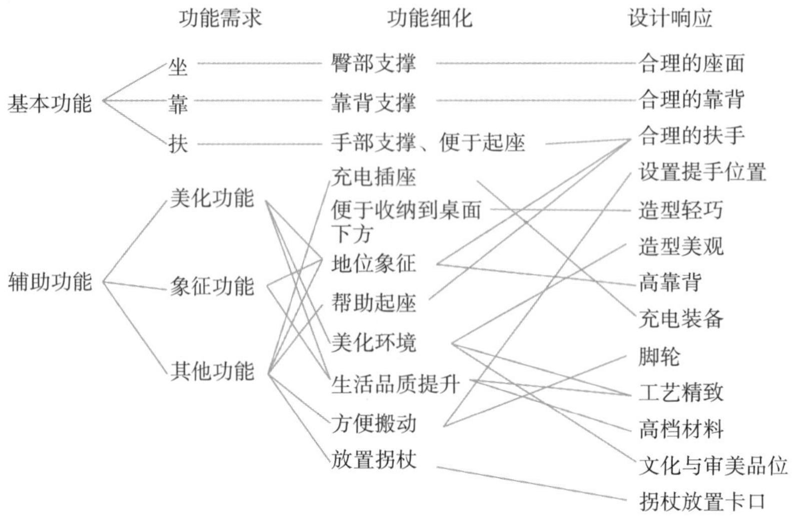

图4-47　餐椅的功能分析

图4-48　小凳

图4-49　靠背椅

图4-50　扶手椅

座高是影响坐姿舒适度的重要因素之一，座高不合理会导致不正确的坐姿，并且坐的时间稍久，就会使人腰部产生疲劳感。通过对人体坐在不同高度的凳子上其腰椎活动度的测定，凳子高度在400mm时腰椎的活动度最高，即疲劳感最强。稍高或稍低于此数值时，人体腰椎的活动度下降，舒适度也随之提高，这意味着凳子比400mm稍高或稍低都不会使腰部感到疲劳。在实际生活中人们喜欢坐矮凳从事活动的道理就在于此，人们在酒吧间坐高凳活动的道理也是如此。

对于有靠背的座椅或沙发，其座高不宜过高，也不宜过低，它与人体在座面上的体压分布有关。通过测试，座面过高，两足不能落地，使大腿前半部膝窝处软组织受压，时间久了，血液循环不畅，肌腱就会发胀而麻木；如果座面过低，则大腿碰不到座面，体压分布过于集中，人体形成前屈姿态，从而增加了背部肌肉负荷，同时人体的重心也低，所形成的力矩也大，这样使人体起立时感到困难。因此，设计时应力求避免上述情况的出现，并寻求合理的座高与体压分布。根据座面的体压分布情况来分析，座高应小于坐着时小腿腘窝到地面的垂直距离，使小腿有一定的活动余地。

座高=小腿腘窝高+（25～35）mm鞋跟高-（10～20）mm

一般座椅座高采用420～440mm，休闲椅410～430mm，沙发380～450mm，休闲躺椅330～380mm（不包括坐垫的下沉量）。

（2）座深设计

座深指座面的前沿到后沿的距离。它对人体舒适度影响也很大，如座面过深，则会使腰部的支撑点悬空，靠背将失去作用，同时膝窝处还会受到压迫而产生疲劳。同时，座面过深，还会使膝窝处产生麻木，并且也难起立。因此，座面深度要适度，通常座深小于人坐姿时大腿水平长度，使座面前沿离开小腿有一定的距离（约60mm），以保证小腿的活动自由。

一般座椅座深400～480mm，休闲椅450～550mm，沙发500～560mm，普通沙发的座深510～520mm，使用腰枕辅助支撑的沙发座深适当加大为580～650mm。

（3）座宽设计

座宽应根据人的坐姿与动作确定。椅子的座面往往呈前宽后窄设计，这样不仅坐着舒适，视觉上也更加协调。座面前沿宽度称座前宽，座面后沿宽度称座后宽，设计时以座前宽为标准。沙发椅子的座宽应当能使臀部得到全部的支承，并且有适当的活动余地，便于人能随时调整坐姿。肩并肩的联排椅，宽度应能保证人的自由活动，因此应比人的肘间宽稍大一些。座宽也不是越大越好，座宽过大，扶手就起不了作用。

一般靠背椅座宽为380～430mm。扶手椅的座宽以扶手内宽为依据，餐椅480～500mm，读书椅500～520mm，休闲椅520～560mm，单人位沙发600～650mm，两人位沙发1400mm，三人位沙发1800mm，四人位沙发2400mm，若沙发扶手内增设扶手枕，则应增加扶手枕宽度。此外，对于较大尺寸，需考虑到材料的规格尺寸与包装运输因素，建议采用拆装或组合形式。

（4）座面倾斜度

座面倾斜度是指座面与水平面的夹角，这个数据通常因休息程度而不同。当人处于工作状态时，为提高效率，总是竭力保持重心向前的姿势（图4-51），这时靠背失去作用。若座面向后倾斜，则会使肌肉与韧带呈现极度紧张的状态，不久人的腰、腹、腿等处就开始感到疲劳，引起酸痛。因此，一般工作用椅的座面以水平为好，甚至也考虑椅面向前倾斜。如挪威设计师彼得·奥普斯韦克（Peter Opsvik，1933—）曾依据人体工程学的平衡原理设计一种具有独创性的平衡凳（图4-52）与平衡椅（图4-53），座面向前倾斜30°左右，并在膝前设靠垫，使人体保持自然向前，尽可能保证最接近于上身站立时的自然脊椎状态，把人的重量分布在坐骨支撑点和膝支撑点上，使背部、腹部、臀部肌肉得到放松，便于集中精力工作。座面水平的座椅，当使用者不在工作状态而处于休息身体向后倚靠靠背时，若座面没有软垫，很容易产生向前滑的现象，所以建议一般用椅座面若用防滑材料或防滑处理，座面可以保持水平，光滑座面的座面后倾角为1°～5°，休闲椅为3°～8°，一般休息用沙发约为5°，高度休闲沙发10°～15°，休闲躺椅或摇椅15°～23°。一般情况下，后倾角度随着休息程度

图4-51　工作状态

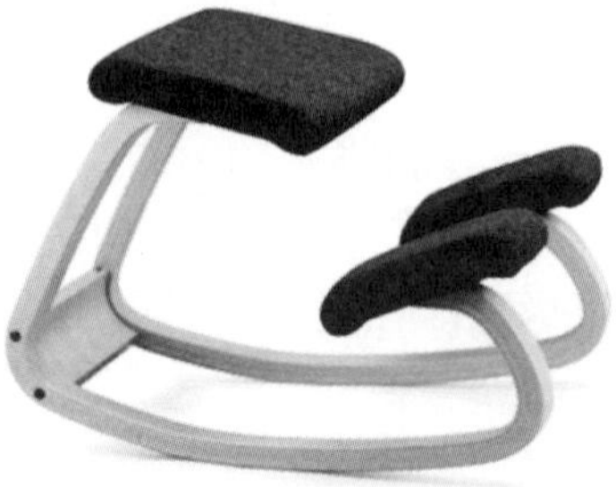

图4-52　平衡凳

图4-53　平衡椅

图4-54　平板座面

图4-55　下凹座面

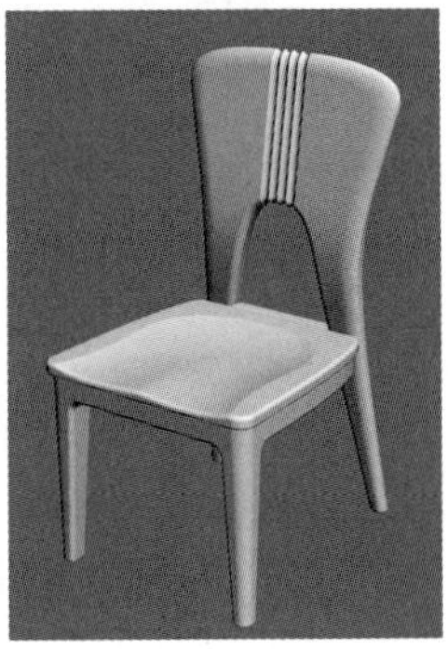

图4-56　臀型座面

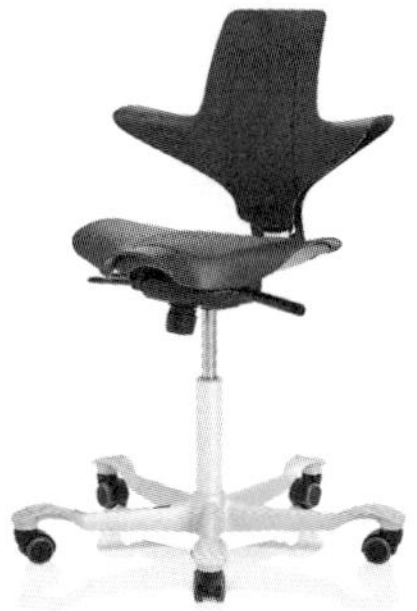

图4-57　马鞍座面

的增加而增加，但后倾角度增大，起座的难度也会随之增加，因此对于老年人或者身体虚弱者使用的椅子，座面的倾角不能太大。

（5）座面曲度

座面曲度是指正视角度座面的截面曲度。一般坐具多加工成平面形状（图4-54），即不做任何座面曲度，但也有少数座椅为增加坐感的舒适性，将座面中间制作成略微下凹形式（图4-55），这个下凹形式不宜过大，否则适得其反，反而增加坐感的不舒适性，建议下凹半径在1200mm以上。也有一些椅座面挖成臀部形状（图4-56），原则一样，两侧臀部的下沉曲度不能过大。如挪威设计师彼得·奥普斯韦克设计的骑马椅（图4-57，Capisco Puls），放松腿部的马鞍型贴臀设计，座椅曲线使骨盆自然前倾，双腿自然打开，减小腿压，保持腿部血液流畅，有效避免久坐不动导致的腿部麻痹和肿胀。

（6）靠背设计

靠背的作用是使人在倚靠时躯干得到充分的支承。人体就座时，臀部一般要比背部凸出一点，因此要在靠背底部留有一个置臀空间，以免人坐下时臀部受到挤压（图4-58）。具体可以在靠背底部留出空隙（图4-59），也可以在靠背底部略往后拱出（图4-60）。

靠背的高度根据不同功能而定，随着休息程度的增加，靠背也需逐步增高。在靠背高度上自下而上有腰靠、肩靠、颈靠三个关键支撑点。只坐不靠时只需无靠背的凳子。以坐

图4–58　坐姿臀部后凸

图4–59　靠背底留空

图4–60　靠背底后拱

为主靠为辅的坐具，如吧椅等，仅需在腰部第一节脊椎骨后加以支撑，这样便于腰关节与上肢自由活动，腰靠支撑点位于第2 ~ 4腰椎处，高出坐骨节点180 ~ 250mm，也就是我们常说的靠背的拱点位置，这个位置的设置是否合理，对座椅靠背的舒适性起着至关重要的作用。坐靠并用的一般工作用椅，如餐椅、读书椅、沙发等，在腰部支撑的前提下，靠背上方要增设肩靠，肩靠应略低于肩胛骨，相当于第9胸椎高度，高出坐骨节点约460mm。休息用椅，靠背倾角随之增大，又因上身由垂直趋向水平，故靠背高度必须超出肩高，颈部必须有支撑。颈靠应高于颈椎点，一般应不小于660mm（图4–61）。

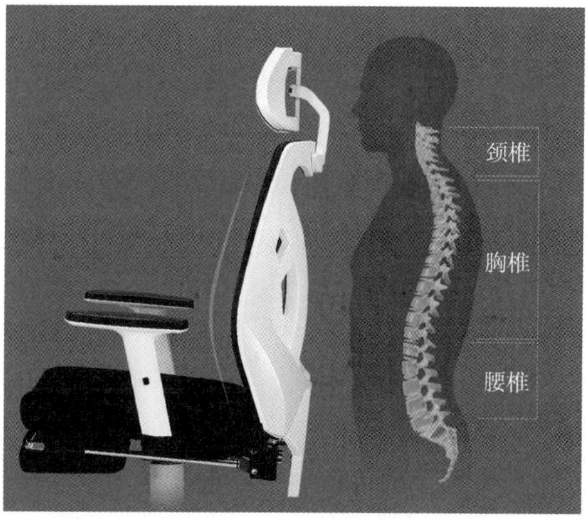

图4–61　靠背支撑点

由于休息时人体会向后倚靠，促使身体向后倾斜，所以靠背也需随之向后倾斜。靠背向后倾斜的角度与座面的后倾角度、休息姿态有关，所以座面与靠背的夹角成为设计的关键因素。通常座面倾角越大，座面与靠背的夹角越大，休息性越强。

普通座椅座面向后倾斜0° ~ 5°（座面倾角）。一般座椅不建议采用水平座面，因为通常靠背均会向后倾斜一定角度，就座者向后靠时，若座面水平且为光滑时，容易向前滑动。当然，若座面防滑时，仍可设为0°。座椅靠背夹角以95° ~ 100° 为宜；休闲椅座面倾角3° ~ 8°，靠背夹角95° ~ 105° 为宜；一般沙发座面倾角约为5°，靠背夹角105° ~ 110° 为宜；高度休闲沙发座面倾角10° ~ 15°，靠背夹角可为110° ~ 135°；休闲躺椅座面倾角为15° ~ 23°，靠背夹角可为110° ~ 135°。靠背倾斜度越大，座深也要随之加大，因此高度休闲沙发与休闲躺椅的座面可以加深到能够将腿部托起，使人呈半躺状态，也可增设一个独立的脚踏，以提供足部支撑（图4–62）。

肩靠处的水平方向宜微曲，曲率半径要取400～500mm，不宜过弯，否则容易挤压胸腔。腰靠处水平方向最好与腰围相合，曲率半径可取300mm左右。

（7）弹性

休息用椅软垫的用材及其弹性的配合是设计的一个要素（图4–63）。弹性是人对材料坐压的软硬程度或材料被人坐压后的回弹度。休息椅用软垫材料可以增加舒适感，但软硬应适度。座面过软，人体下沉度太大，会使座面与靠背之间的夹角变小，腹部受压，增加不适感，起立也会感到困难。因此，休息用椅软垫的弹性要搭配好，为了获得合理的体压分布，有利于肌肉的松弛与便于起身动作，靠背应该比座面软一些，靠背的腰部比肩部要硬一些。小沙发的坐垫弹性压缩量为70mm左右，大沙发为80～120mm，靠背上部为30～45mm，托腰不超过35mm适宜。

图4–62 休闲躺椅

图4–63 沙发

（8）扶手

休息用椅常设扶手，可减轻两肩、背部和上肢肌肉的疲劳，获得舒适的休息效果，同时还能辅助起身动作（图4–64）。扶手高度必须适宜，扶手过高，肩部不能自然下垂，容易生产疲劳；扶手过低，则起不到作用。扶手高度指的是扶手表面到座面之间的垂直距离（去掉弹性压缩量）。依据人体自然屈臂的肘高与座面距离，200～250mm（去掉弹性压缩量）为宜。

图4–64 沙发扶手

两臂自然屈伸的扶手间距净宽应略大于肩宽，一般应不小于460mm，以520～560mm为宜。过宽或过窄都会增加肌肉的活动度，产生肩酸疲劳的现象。

扶手也可随座面与靠背的夹角变化而略有倾斜，有助于提高舒适效果，通常可取±（10°～20°）。扶手外展以小于10°为宜。

扶手弹性处理不宜过软，因为它承受的臂部压力不大，而在起立时还可起到辅助作用。设计时要注意扶手的触觉感受，不宜采用触感冰凉的玻璃与金属等材料，避免见棱见角的细节处理。

4.6　家具功能美设计策略

功能美是现代产品美学、设计美学的一个核心概念。功能美是指产品良好的技术性能所体现的合理性，它是科学技术高速发展对产品造型设计的要求。从设计本身的角度来讲，设计产品的功能因素分为实用功能、认知功能和审美功能等。“功能美”本质的内容就是实用美。功能美表现为实用功能和使用功能等物质功能，其次表现为认知功能和审美功能等精神功能。通常而言，功能美是第一位，形式美是第二位，形式美服从功能美。

（1）实用功能创新

实用的产品功能首先给生活带来了便利，人类凭借良好的生活方式，使得自己的生活质量得到了极大的提高，从而感受到了极大的愉悦。这种愉悦就是实用产品功能的美感。

（2）使用方式创新

家具的功能美不仅包括家具所能提供的各种功能，还包括人在使用家具过程中产生的诸如保障、可行、好用、宜人、协调等感受，即因使用家具而产生的美感，或因家具使用体验而产生的愉悦、满意和舒适的快乐感知。同一功能的产品，其使用方式可以多样，尤其是改变产品内部组成及其装配关系后，其使用状态也随之改变。人们对于产品使用状态的喜好选择也是因人而异的，如可改变桌面大小的餐桌，可以是拉伸式、翻折式或拼接式等。此外，我们还可以通过人机界面技术，以准确性、高效性、宜人性衡量其可变性与可行性，提出提高和改进人机界面的选配设计方案。如机械拉伸、按键拉伸、触摸拉伸、感应拉伸等可供选配；又如梳妆台的平行或直角、左右通用设计，可以适合不同的空间需求（图4–65）。

这里需要特别提出一点，功能设置是否合理要从质与量两个方面进行考量。产品所提供给使用者的服务即服务功能，该功能数量范围与质量水准会直接影响使用者的满意程度。这一满意内涵包含了功能数量是够用还是欠缺，是优质功能服务还是劣质功能服务。功能质量

（a）　（b）

图4–65　梳妆台

（a）平行放置　（b）直角放置

肯定影响使用满意度，功能经常出现故障、功能效率不高、功能失真与失效频率偏高、产出结果质量不高等，这些都会给产品使用美带来负面影响。通常人们总是喜欢产品的功能越多越好，但对功能与价格、功能与操作性比较以后，就能认识到多功能产品不一定就是最好使用的产品。简洁的产品功能方便使用者快速操作与有效管理，不给使用者带来操作上的复杂性或资料管理上的烦琐。因此，产品功能数量的设置以最适宜为主要目标。

利用新技术支持是取得使用方式创新的一种有效手段，如梳妆台设计中智能魔镜的融入等。当然，新技术不是设计师的发明，但作为执掌产品创新的设计师，最重要的在于我们能及早地发现新技术，充分认识新技术，并拥有能将其合理地应用到新产品中的能力。

（3）认知功能创新

人们通过视觉、触觉、听觉等感觉器官来接受物的各种信息刺激，形成整体知觉，从而产生相应的概念和表象。认知功能主要包括两个方面：识别功能和象征功能。

认知功能首先体现在物的指示功能方面，特殊的造型、色彩和标志显示了其功能特性和使用方式。独特的识别产品功能是在设计视觉传达中最基本的要求和首要功能，是识别机能设计的主体原则。一般采取显著、优美、富有想象的形体、色彩、材料、肌理等手段，增强标志的表现力和感染力，提高标志的传播和记忆值，给社会大众留下深刻的印象。

关于产品的认知功能创新可以采用“亮点”创新设计策略，即可以专注产品某一方面进行重点突破、深入挖掘。实践证明，创新产品进入市场，只要这个产品有一个明显特点，同时又能针对市场需求，这个产品必将取得成功。

（4）象征功能创新

随着人们生活水平的提高，消费者购买一件产品的时候不仅是为了获得商品的使用价值，在很多情况下是为了追求购买和使用产品过程中一种情感上的满足或自我形象的展示。设计师只有针对目标用户做更深入的调查、研究，分析并挖掘用户的内在心理需求，才能赢得消费者的信赖和忠诚，从而获得更多的市场份额。

（5）审美功能创新

人总是一个永恒追求美及探索美的变化的审美主体，人类造物的全过程始终贯穿审美活动。追逐“美”的设计是设计师永恒和最基本的责任和使命，脱离这一点，将丧失作为设计师最起码的工作责任。

家具产品的审美可简要概括为两个层面：生理层面的审美与心理层面的审美。生理层面的审美一般由视觉、听觉、嗅觉、触觉、味觉等人体感受器官形成的以“快感”为内容的浅层心理内在变化，即所谓的“五感”设计。心理层面的审美是指由人的生理审美引发、通过深层次感知器官的“思考”，形成情绪、情感等心理变化的各种内在活动，也称为“美感”。如家具造型对自我个性的映射表现、个人喜好的表述、个人情感的再现与交流、个人价值观及身份的象征等。这也充分说明家具产品设计的各个方面不是独立化的，而是关联性的，家具设计表现为交叉融合的特征。

本章小结

本章分别按橱柜类家具、桌案类家具、床榻类家具、椅凳类家具分类进行功能分析与尺寸区间的确定，帮助大家掌握家具功能设计的一些基础知识。由于用户在地域、传统、习惯、经济状况等方面的差异，因此了解用户需求的差异性，关注用户需求的变化，扩展用户使用功能，要能满足用户的合理性需求，才能得到用户的认可。

家具功能美设计创新，依赖功能数量、功能内容、功能质量三个方面。功能数量是指一个产品中包含的不可再分的单元功能的总数量。功能内容是指该产品具体的、可供使用的内容，包括物质功能和精神功能。功能质量即功能技术的先进程度。

家具功能美设计创新，是分析和寻找当前产品的缺陷，提高和完善产品功能。在基本技术原理不变的情况下，设计师通过发现和克服现有产品的缺陷和不足，通过不断改进、不断趋向产品的功能极限，从而不断提高产品满足用户需要的程度。

作业与思考题

（1）根据家具的基本功能形式不同，请分别列举整理办公家具、酒店家具、学校家具的各种品类。

（2）市场上床垫厚度有哪些规格？若在设计时不知道未来消费者具体会配哪种厚度的床垫，我们该如何处理？

（3）家具造型设计中的置腿空间、置足空间、置臀空间分别指什么？

（4）请具体分析各类家具的功能与尺寸区间。

（5）家具产品的功能创新可以从哪些方面入手？

第5章　家具构成与造型

技术助推形式，构成决定形式。

随着新技术的不断发展，以德国包豪斯为中心兴起的建筑和工业设计新思潮坚决反对一切多余的装饰，认为不必把功能所要求的材料和结构加以掩盖，而应该从材料和结构内部去寻找美的形式，创造简洁、明快的现代风格。在产品设计的诸多因素中，功能最能体现技术的水准，新的技术一旦物化为劳动产品后，就意味着获得了新的功能、新的使用价值，由此导出物化技术功能美的概念，成为技术美学的中心概念。

人类为了交通的便捷，设计了飞机、火车、汽车、轮船，运用不同材料，攻破一系列技术难关，从而解决速度的问题，虽然造型、结构、原理和材料均不同，但功能的原则是一致的，就是要实现人类行走速度的“飞跃”。任何产品的设计只有通过技术的设计而实现功能的价值，从而实现功能与形式的和谐统一。当然，我们强调产品设计中技术美的功能价值，并不是说凡是有功能、有用的就是技术美，更不能以功效价值来规定审美价值。产品技术美的核心内容是功能，但产品的技术美是一种与功能密切联系但又超越功能的美。

近代科学技术兴起，机器生产取代手工生产。标准化的生产排斥生产者的个性与想象，工业产品虽然具备物质功能，但出现了物质与精神、使用价值与审美价值的脱节，科学技术沿着适应自然规律的理性方向发展，有可能突破人的感性适应性，造成人的生理、心理和体力活动规律的不协调。在机械化初期，“丑陋的机器”造就了粗糙的产品，自然谈不上产品的技术美。只有把人性与科学技术和谐统一，才能找到摆脱这种设计危机的出路。

在现代科学技术日益发展的今天，科学技术为人类自觉地扼制非人性化设计，从而为技术与艺术的和谐统一创造了条件。在新的技术条件下，人们在个性发展上获得了更大的自由度，产品的功能美与形式美出现了更大的相容性。工业产品的设计要求在技术条件下具备文化的品格，成为一种文化的象征，并且在认为环境中产生审美的情感效应。产品设计中的技术美的探求更致力于创造出更富有表现力和更有趣味的设计语言来取代纯技术。如何把高技术与高情感结合起来，建立起新技术与人之间的协调关系，通过技术的途径建立人们在使用产品过程中生理与心理的愉悦体验，是产品设计中技术美永远追求的目标和方向。如意大利Porada品牌的餐桌桌腿采用多轴数控立体雕刻机加工，实现了手工与普通机械无法实现的木工技术，使木材桌腿呈现出一种别样的立体雕塑美感（图5-1）。又如法国设计师菲利普・斯达克用现代的设计手法和工艺手段将路易十六椅（图5-2）全新演绎成幽灵椅（图5-3），采用透明塑

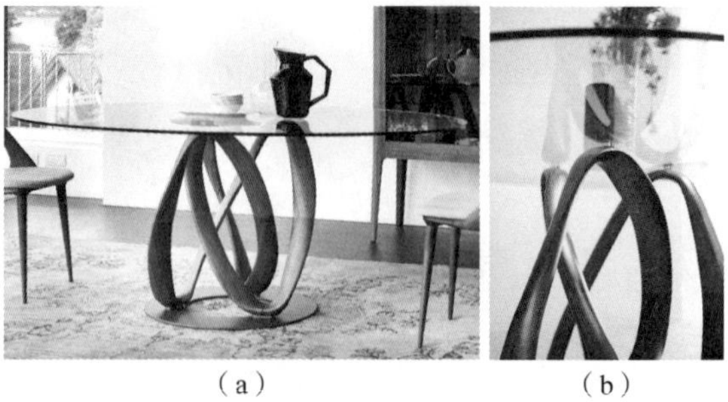

（a）　（b）

图5-1　Infinity餐桌

（a）Infinity餐桌　（b）桌腿细节

图5-2 路易十六椅

图5-3 幽灵椅

图5-4 Poly-Cor椅

料搭配原先传统的造型，实现了技术与情趣的完美融合。德国设计师路易吉·克拉尼则在他的设计中运用空气动力学和仿生学原理，设计出极具流线感的Poly-Cor椅，突破传统的固有模式，增加了趣味性（图5-4）。这一系列产品设计的实践活动，为产品设计中的技术美研究奠定了坚实的物质基础和强劲的推动力。

技术美同时也是一个发展的观念。科学技术日新月异，人类探索新技术的活动是永远不会停止的。随着新科学的产生，必有新材料、新能源、新结构、新工艺连环式产生，这样技术美也就有相应的新成分。20世纪60年代，新技术的发明使人类社会从机械化时代转向信息时代，产品设计中的技术美探求集中在微电子技术的应用研究，而这已是明日黄花。在当今社会中，面向未来产品设计中的技术美，是设计师们感兴趣的难题，它的挑战性给人们带来无限希望但又具有各种各样的神秘感。非物质社会、信息社会、数字化社会、网络、多媒体、生物工程、材料革命、纳米技术等，它们已向设计师们展示这样或那样的线索，科学技术的发展已为技术美带来新的广阔天地，人们现在已经很难预见未来产品设计的技术美会呈现什么样的蓝图美景。在物质生活中，人们将更加关注产品技术美给人带来的生理、心理、情感的直观愉悦体验。这样技术美随着时代的发展将会呈现新的标准和趣味，产品设计中的技术也呈现出流动性、变化性和丰富性的特点。

技术美主要包括材料美与结构美两个方面。关于家具设计的材料美，我们将在下一章中单独讨论，结构主要包括构成方式与接合方式两大部分内容。众所周知，任何产品都是由各种各样的零部件构造而成，家具也不例外。了解家具的基本构成，有利于我们进行更好的设计。家具每个基本部件本身有一定的构成方式，再通过零部件之间适当的位置关系组合而成。了解清楚家具的零部件组成与各零部件之间的位置关系两个方面，设计就会有思路。限于篇幅，本章主要就家具的构成与造型进行阐述探讨，关于家具接合方式内容，建议大家进一步参阅《家具结构设计》教材内容。

5.1 橱柜构成

橱柜类家具的构成形式存在较多的相似性，从上到下大致分为三个主要组成部分：柜帽、柜身、柜脚（或底座）(图5-5)。柜身根据功能需求，主要可分为开放和封闭两种形式。开放成搁架使用，封闭主要有抽屉和柜门两种形式。具体设计时，可根据功能、造型、材质、结构工艺等需要有所取舍（图5-6）。为方便理解，特甄选床头柜、成品衣柜与定制衣柜（衣帽间）为例，展开橱柜构成美设计的探讨。

图5-5 橱柜主要构成形式

图5-6 Bristol书架

5.1.1 床头柜构成

（1）零部件组成

由于床头柜位于视平线以下，基本不采用复杂的柜帽形式，取而代之的主要是造型简洁的面板形式，因此按其构成形式可以分为面板、柜身、柜脚（或底座）三大部分（图5-7）。

床头柜面板主要有两种基本结构形式：整板结构和框架嵌板结构（简称套框结构）。整板结构即面板由一整块材料（或其他材料拼接成一个整体）组成。这种结构相对使得家具显得简约、干净（图5-8）。套框结构则通常用于实木结构或板木结构，目的是防止面板变形，视觉感受上会偏传统经典一些（图5-9）。

床头柜柜身主要由面板、旁板、搁板、背板、抽屉、柜门、拉手以及柜身内

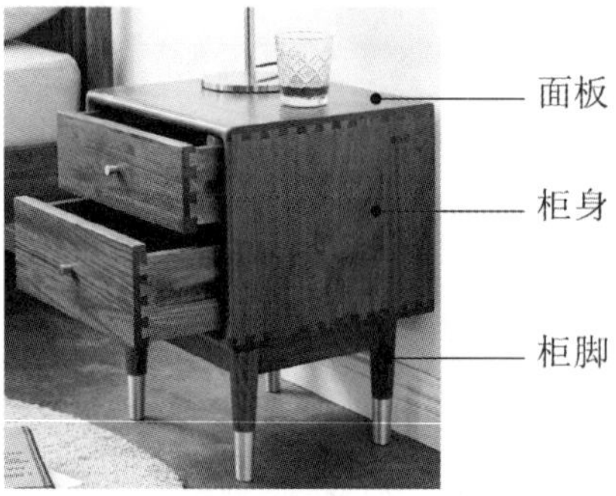

图5-7 床头柜构成

图5-8 Aura床头柜

图5-9 中式床头柜

的功能五金等零部件组成。根据空间划分需要，柜身内部可分为开放式收纳空间或由柜门或抽屉组成的封闭式收纳空间。根据结构、工艺的不同，柜身的旁板、搁板、背板等板式零件与面板相似，主要分整板和套框两种构成形式。套框结构的中间部位根据需要有的嵌板（木板、玻璃等多种材质，图5–9），有的则留空做成开放形式。抽面通常围成六面体形式，有的抽屉盒做成独立部件，抽屉面板作为独立零件与抽屉盒连接，这样做的好处是便于标准化，抽屉盒具有通配性，并方便安装（图5–10）。有的抽屉面板则成为抽屉盒的一个零件，即抽屉面板与抽屉盒侧板直接连接（常用燕尾榫，图5–11），相比前者，这种构成形式可以突出榫卯结构形式，同时节约抽屉盒的一块板件，但是安装相对复杂，并不利于标准化。

图5–10　抽面独立

图5–11　抽面与侧板连接

拉手通常附设在柜门或抽屉上，虽然体量较小，但在家具设计中的作用不容小觑，起着画龙点睛的作用。但不论怎样万化，从构成形式上主要分独立加工安装成明拉手、抽屉和柜门表面铣型暗拉手两种形式（图5–12和图5–13），很多板式家具甚至利用抽屉、柜门自身结构或采用按压结构不做拉手处理，使得整体看上去更加简洁（图5–14）。

图5–12　独立拉手

图5–13　铣型拉手

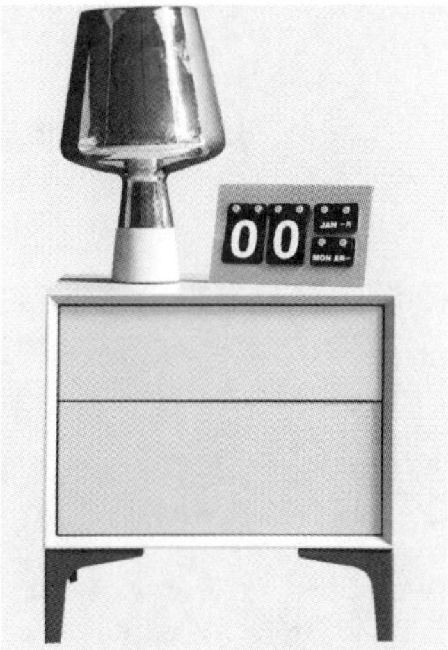

图5–14　无拉手

柜类家具的柜脚主要分无脚、独立脚、脚架、底座四种形式。

无脚形式，可以采用悬吊形式、柜身旁板向下延伸至地面或柜身直接落地（图5-15和图5-16）。考虑到落地后的平稳性，柜身落地处一般需加脚垫。

图5-15　Eastgate床头柜

图5-16　Cell床头柜

独立脚形式，即装脚结构。脚作为独立构件，直接与柜体底面连接（图5-17和图5-18）。这种结构形式安装便捷，造型现代简约。

脚架形式，即柜腿（或脚）通过横向构件连接形成一个框架结构。由于这种结构形式使得柜身离地一定距离，比较敞亮，所以也称为亮脚结构。根据脚架与柜身的结构关系，可以是脚架与柜身各自构成独立部件，然后两者再连接牢固（图5-19和图5-20）；也可以是柜身旁板或边框向下延伸形成柜腿，成为脚架的一个组成部分（图5-21和图5-22）。

底座形式，通常先由板件围成一圈做成封闭形式，然后再与柜身连接（图5-23和图5-24）。这种结构形式也称为包脚结构，稳重大气。

（2）零部件之间的位置关系

面板与柜身四周可能存在的位置关系：面板与柜身融为一体，成为柜身一个重要的组成部分，面板与柜身平齐（图5-19）或柜身（前后左右一至四面）向上延伸超过面板高度，可以起

（a）　（b）

图5-17　独立脚床头柜（1）

（a）整体　（b）独立脚

（a）　（b）

图5-18　独立脚床头柜（2）

（a）整体　（b）独立脚

图5-19　脚架形式

图5-20　Regent 2

图5-21　Ziggy Night 2

图5-22　Bilot

到一定的围挡、防止东西跌落的作用［图5–18（a）］；面板与柜身分设，面板盖住柜身，单独构成一个独立部件，面板挑出（图5–22）或平齐（图5–23）或内缩（图5–21）。

同样，柜身与柜脚也存在不同的位置关系，平齐或外挑或内缩，也有柜身向下延伸兼具柜脚的功能。零部件之间不同的构成与位置关系，最终形成不同的视觉感受。

图5–23　床头柜（1）

图5–24　床头柜（2）

上述内容为各种床头柜的常见构成分解形式，我们在深度了解家具产品的功能与基本构成方式基础上，结合不同的材质、工艺、色彩、肌理等元素大胆创新，可以创造出更多与众不同的结构形式。

5.1.2　成品衣柜构成

在我国，衣柜的出现应该是民国初年，此前没有专门存放衣服的柜子，衣服主要是折叠存放在箱子里或披搭在衣帽架上。明清时期，大型的圆角柜、方角柜主要是用来存放各种物品的，并不是专门用来存放衣服的。所以此后出现的成品衣柜多受西方影响，带有建筑上的檐帽与柜脚（或底座），即所谓的“穿靴戴帽”形式，主要由三部分组成：柜帽、柜身与柜脚（图5–25）。

随着消费需求的变化，成品衣柜逐渐简化，去掉柜帽。但是无论怎样变化，其各组成部分的构成方式基本与床头柜一致，只是鉴于衣柜的收纳量增加，所以衣柜的柜门、抽屉与内部空间的五金配件等相对会更加丰富一些（图5–26）。

为了增加空间的适配性与收纳空间，目前很多成品衣柜根据明清时期顶箱柜的原理做成上下两截，下端通常设计成2000mm或2100mm的标准高度，顶箱设计成500mm、600mm等几个高度规格，这样可以满足不同层高的功能需求，有着半定制化的趋势（图5–27）。

图5–25　成品衣柜（1）

图5–26　成品衣柜（2）

图5–27　成品衣柜(3)

5.1.3 定制衣柜（衣帽间）构成

定制衣柜通常上至顶面、下达地面，所以基本不采用柜帽与柜脚，而只保留柜身，但在柜身上采用模块化设计原理，将其功能进行细分，以满足不同的收纳需要（图5-28和图5-29）。

定制衣柜柜身的使用材料多为人造板，也有较为高档的采用实木框嵌板结构（套框结构），其原理跟前述床头柜的板面构成方式一致。由于衣柜的体量较大，当柜门、旁板、背板的幅面超过一定程度，其存在变形的可能性较大。即使采用人造板材料，最好也要进行结构的优化处理，以防后患。如果采用实木制作，建议采用套框、分段结构（前文图5-25）或在背面拉档处理，避免翘曲变形，同时增加结构的稳定性，这也说明了材料、结构、工艺对造型的制约。

其他柜架类家具基本也是按照上述构成关系展现（图5-30至图5-32），因此设计时只要掌握各部分的逻辑关系，将大大提高设计的效率。

图5-28 定制衣柜

图5-29 定制衣帽间

图5-30 玄关柜

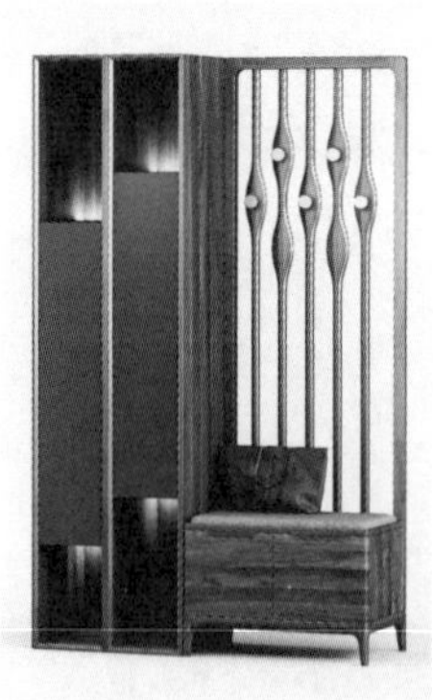

图5-31 门厅柜

图5-32 组合厅柜

5.2　桌案构成

桌案类家具的构成分解也一样按照零部件组成以及它们之间的位置关系两部分分析。为方便理解，这里以餐桌为例展开桌案构成美设计的探讨。餐桌跟绝大部分桌案类家具一样，主要由桌面与腿支架两大部分构成。

（1）桌面

根据餐桌桌面构成形式，一般可分为一体桌面与分体桌面。一体桌面即桌面为一个整体独立部件（图5–33和图5–34）；分体桌面是指桌面由多个部分组成，这类桌子多带有拉伸或翻折功能（图5–35）。无论是一体桌面还是分体桌面，桌面构成上均可分为整板（或拼接而成一整块）与套框两种基本结构形式。

（2）腿支架

餐桌的腿支架构成与床头柜一样，分为无脚、独立脚、脚架、底座四种形式。无脚形式的餐桌桌面一般附属于其他家具或悬挂于墙面（图5–36），独立脚一般限于面积较小的桌面（图5–37）。

脚架在餐桌中最多见，桌腿之间通常用横向构件连接成一个框架形式，桌腿主要位于桌面四周，成为桌面的有力支撑（图5–33）。有的脚架则从西方的台架桌延伸而来，由两侧形成板式框架，然后再由横向构件连接，组成一个整体脚架（图5–38）。

餐桌底座是指从桌面中心位置附近形成一个整体形式支撑桌面，在圆桌中多见（图

图5–33　餐桌（1）

图5–34　餐桌（2）

图5–35　分体桌面

图5–36　无脚形式

图5–37　独立脚

图5–38　台架桌

5-39和图5-40）。有封闭形式，也有开放式形式（图5-41和图5-42），有的甚至可兼具收纳作用（图5-43）。

图5-39 Elika餐桌

图5-40 圆餐桌

图5-41 Circe餐桌

图5-42 长餐桌

图5-43 艾写意餐桌

5.3 床榻构成

榻是作为日间短时间休息用的床具，其构成形式基本与床相似或是床的简化，所以此部分主要分析床的结构形式。

床的整体尺寸较大，考虑到运输包装，一般采用拆装或分体结构形式。去掉床垫后，床通常由床屏与床身（图5-44）两个基本构成部分组成，床屏与床身通过专用的结构件加固连接。

（a）

（b）

图5-44 双人床

（a）铺床前 （b）铺床后

（1）床屏

床屏，也称床头、高屏。床屏构成再进一步细分，可以分为板式、框架与柜体三种结构形式。板式床屏，是指床屏做成一整块平面板件形式（也有套框形式），或直接落地（图5–45和图5–46），或与床身连接（图5–47）；框架床屏，是指床屏与床腿一起构成框架结构形式，床屏或安装在框架前侧（图5–48），或嵌入框架中（图5–44，图5–49和图5–50）；柜体床屏是将床屏做成薄形柜体，同时兼具收纳功能（图5–51）。

还有一种特殊形式的床，不设床屏，称为榻榻米（图5–52和图5–53）。这种床节约空间，方便摆放。

图5–45　Pentagramma床

图5–46　Killian床

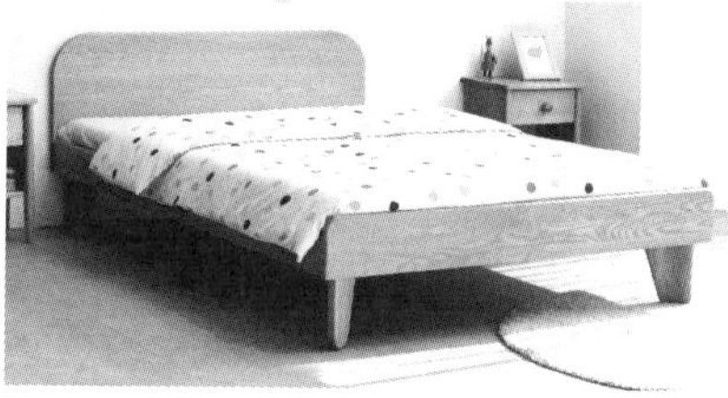

（a）

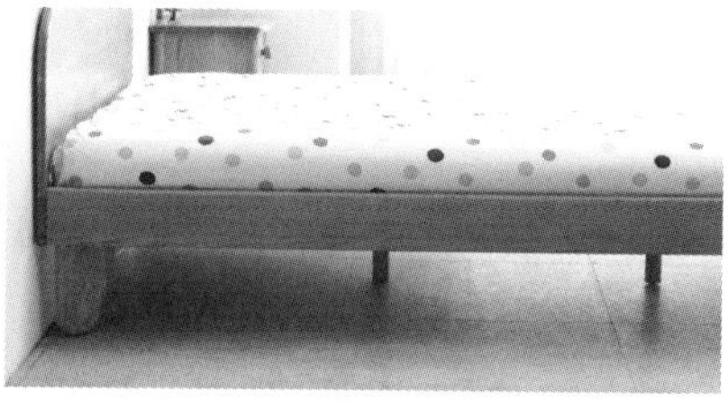

（b）

图5–47　儿童床

（a）透视（b）侧视

图5–48　实木床

图5–49　半软包床

图5–50　实木床（1）

图5–51　实木床（2）

图5-52 榻榻米

图5-53 箱体榻榻米

（2）床身

床身包括床侧（也称床帮、望板）与床尾（也称低屏、尾屏）。床身有两种基本形式：一种床架形式，床侧与床高、低屏连接形成框架结构，床下空间采用透空形式（图5-44，图5-54），图5-54为图5-52的床架构成形式；另一种为床箱形式，床侧与床高、低屏围合成一个封闭的箱体结构，兼作收纳空间，箱式床架的内部分割结构同柜体隔板结构，采用气压杆或抽屉滑轨等实现床体收纳功能（图5-53，图5-55和图5-56）。

床铺板通常有活动木条和排骨架两种形式。活动木条是较为简单的一种处理方法，就是组成床铺板的木条相对独立，各自与床架边框固定（图5-57）。排骨架，是指将木条事先组成框架形式，具体又可分为四周打边框［图5-55（c）］、背面加横档两种形式［图5-54（a），

（a） （b）

图5-54 床架构成

（a）铺设床板 （b）床架

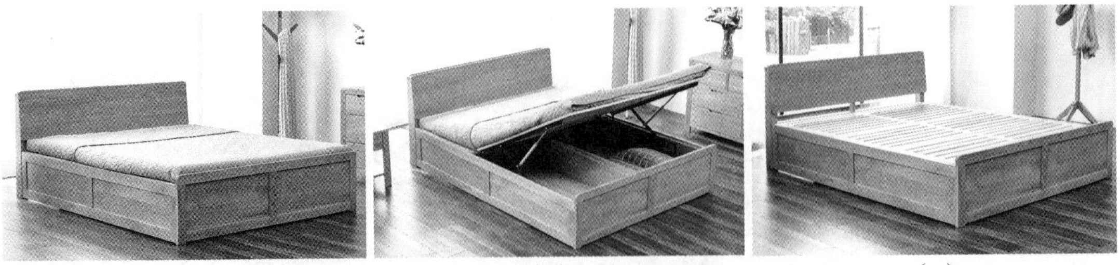

（a） （b） （c）

图5-55 箱体床（1）

（a）铺床后 （b）气压杆支撑 （c）铺床前

（a）　（b）

图5-56　箱体床（2）

（a）打开状态（1）（b）打开状态（2）

图5-56]。相比而言，排骨架使用更加普遍，结构更加牢固稳定。无论采用活动木条还是排骨架，均需考虑承重问题，若中间没有其他支撑构件，床铺面中间位置需要加一定数量的中脚[图5-54（b），图5-57（b）]。

床铺板的板条之间多留有一定间距的缝隙，可增加透气性，防止细菌滋生。无缝床铺板则多用于箱体床或传统红木床（图5-58），铺面较为平整光洁，在炎热的季节可以直接铺席子或薄垫子睡觉，喜欢睡硬床的人们比较偏爱此类，还可防止灰尘掉落到箱体中。

市场上也有多种规格的钢木排骨架出售，通常折叠设计，安装脚后可与床体分离，单独成为一个活动部件，嵌入床体中，应用灵活（图5-59）。

（a）　（b）

图5-57　活动木条床板

（a）铺板后　（b）铺板中

（a）　（b）

图5-58　无缝床铺板

（a）铺床前　（b）铺床后

（a）

（b）

图5-59 钢木排骨架床
（a）铺床前 （b）铺床后

5.4 椅凳构成

椅凳类家具可分为沙发、椅子与凳子三类。凳子的构成方式与桌子相似，两者只存在尺寸区别，这里不再赘述。椅子与沙发的构成方式略有不同，这里分开阐述。

（1）椅子

根据椅子的构成方式，可将其分为一体成型与分体组装两种基本形式。

一体成型是指一次加工就制作完成，多见于塑料或金属等材料一次注塑、压塑、吹塑、冲压等成型工艺制作而成的椅子（图5-60）。

组装而成的椅子，一般由腿支架和人体接触面（包括座面、靠背）两大部分组成，而人体接触面又可根据坐垫与靠背的连接方式分为整体（图5-61）与分体（图5-62）两种形式。相比餐桌，椅子的受力比较大，因此椅子的腿支架基本不采用独立脚形式，一般有无脚、脚架、底座三种形式。这三种形式的构成原理与餐桌基本相似。

无脚形式的椅子一般附属于其他家具、墙面或悬吊形式（图5-63和图5-64）。脚架在座椅中最多见，通常腿之间用横向构件连接成一个框架形式，椅腿主要位于座面四周，成为椅子的有力支撑（图5-61和图5-62）。椅子底座是指从座面中心位置附近的有力支撑（图5-65）。

从构成上看，扶手的设置相对自由，只要符合人体工程学原理即可，有的与座面一体（图5-66），有的与靠背一体（图5-67），有的则与椅子框架连为一体（图5-68）。

图5-60 潘顿椅

图5-61 伊姆斯椅

图5-62 Pi餐椅

图5-63　泡泡椅

图5-64　方程式椅

图5-65　球椅

图5-66　Martha椅

图5-67　肯尼迪椅

图5-68　螳螂椅

（2）沙发

根据沙发的构造方式，可将其分为整装与拆装两种结构形式。

沙发的整装形式又可细分为四种形式：外层为织物或皮革，内部填充聚苯乙烯塑料泡沫颗粒、高回弹海绵或充气、充水（图5-69）；沙发软体部位包裹在沙发框架上，框架或部分外露或全部被包裹，与软包形成整体固定结构（图5-70）；沙发软体部位与沙发框架分开加工，相对独立，安装时将两者组合定位即可使用（图5-71）；由各个独立单体组合形成（图5-72）。

图5-69　UP50沙发

图5-70　艾写意沙发

图5-71　心象素沙发

（a）

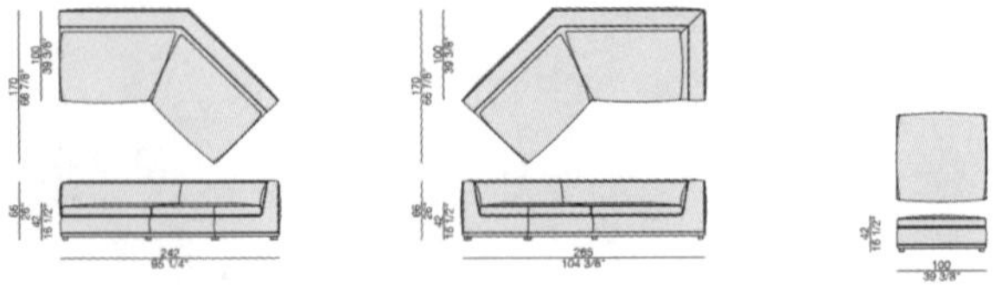

（b）

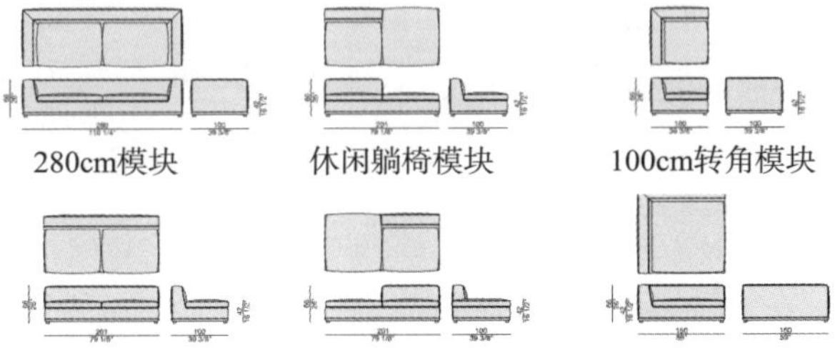

（c）

图5-72 Kirk 245沙发
（a）组合形式 （b）沙发模块（1）（c）沙发模块（2）

拆装结构的沙发则主要通过侧框（扶手）、靠背、底座之间实现各部分的连接与拆分来实现构成（图5-70）。

5.5 家具构成美设计策略

构成美学本来是一门研究形式美的学问，其研究客体是一些单纯意义上的几何元素，如点、线、面、体等（构成的基本元素）。研究的目的是通过框架、骨格以及空间、重心、虚实、有无等（构成的关系元素）将基本元素组合，达到纯粹意义上的形式美。

家具要形成一定的功能作用，需要通过一定的零部件，如靠背、座面、脚架、隔板、桌面等，通过其大小、形态、色彩、质感，遵循比例与尺寸、对称与均衡、统一与变化、节奏与韵律、安定与轻巧等规律，形成一种和谐的构成关系。

从形态构成角度审视，家具设计包含了产品的细节设计，如软包部位的绲边、实木零件的刀型（图5-73）、雕花、折弯（图5-74）等都可以被看作设计细节。家具设计细节是设计师创造出来的家具产品的最小单元。这些细节不仅可以丰富家具产品主题内涵，也可成为产品的视觉中心或产品主题的传达点、精华点。

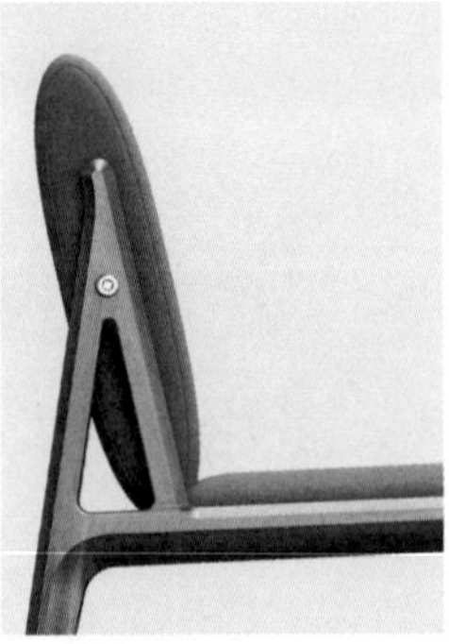

图5-73 刀型

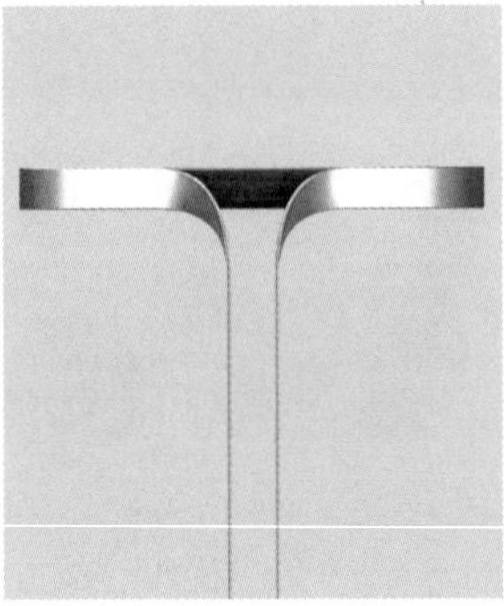

图5-74 折弯

本章小结

本章分别将橱柜类家具、桌案类家具、床榻类家具、椅凳类家具从各自的零部件组成出发，再到各零部件之间的位置关系展开阐述。各零部件具有自然物的各种形式属性，如线条、形状、比例、组合方式等，而一旦有形式的因素存在，形式美法则便具有普遍的效力。家具设计的构成美集中体现设计师在理性层面的水准与先进性，并通过各零部件的巧妙构成形式实现产品的创新。

作业与思考题

（1）请详细列出书柜、书桌、书椅各零部件的构成关系。

（2）请详细列出茶柜、茶桌、茶椅各零部件的构成关系。

（3）收集10件较具特色的家具构成形式，并说明其特色之处。

（4）分别收集10款传统明清家具、中式新古典家具、新中式家具、现代实木家具的同一家具品类（如椅子、床、沙发等）的图片等资料，分析并比较其构成特征。

（5）家具构成与造型之间有什么关系？请举例说明。

第6章　家具材质与造型

材料——形式的底蕴。

《考工记》中记载：“天有时，地有气，材有美，工有巧，合此四者然后可以为良”，充分体现了材料在设计中的重要性。家具产品最终必须以一定的物质形态被制造出来，制造材料是设计师不可回避的重要问题。面向家具设计的“美”，家具材质美是构成其美感的一个重要组成内容。

材料的设计表现力是其自身属性特点在设计中的凸显和流露，由于其特定的色彩、质感、肌理、造型和装饰方法等特点，所形成的这种材料特有的表现效果。木材、金属、织物、塑料、皮革、石材、玻璃等，借以不同的光感、色温、肌理、结构，都曾在家具的创意中表达着某种知觉记忆，承载着重要的设计理念，重点倒不在于它们的繁复与昂贵，材料的纯粹之美，来自于其本身的功能在使用中恰到好处的发挥。

材质美不仅是当代的一种审美形态，而且也是人类原发性的审美形态。各种材料都有着各自独特的品格和特性，如木材、藤材、毛皮、纺织品等材料松弛、组织粗糙，具有亲切、温暖、柔软、含蓄、安静等特点；抛光石材、玻璃、金属等材料细密、光亮、质地坚实、组织细腻，具有精密、轻快、冷漠等特点；混凝土、毛石等材料具有粗犷、刚劲、坚固等特点。

家具产品的外观形态要取得良好的效果，必须发挥材料的性能。各种不同材料都有与其性能相适应的成型工艺，产生各自独特的形态。实木易干缩湿涨，只能加工线型构件或小板面，适合框架结构造型；人造板幅面大，稳定性好，能承受一定的静载荷，适合板式结构造型；塑料可塑性强，富有弹性与较高的机械强度，可注塑成各种曲面型体……不同的家具品类以及同一件家具上的不同部位，所承担的任务是不同的，而不同的材料有着各自不同的属性，设计师应当努力找到各种材料所能形成的独特形态，因材施艺，各司其职，将它们用到最合适的地方，充分展现材料的魅力与特色。

6.1　材料特性

材料分为天然材料与人造材料两大类。天然材料是指自然界原来就有未经加工或基本不加工就可直接使用的材料，如木材、牛皮、大理石等。人造材料又称合成材料，是人为地把不同物质经化学方法或聚合作用加工而成的材料，其特质与原料不同，如人造板、织物、金属、塑料、玻璃等。每种材料都有着各自的特性。材料特性包括两个方面，即固有特性和派生特性。

6.1.1　固有特性

材料的固有特性由组织与结构决定，包括物理性能与化学性能。

（1）物理性能

材料的物理性能是指表征材料在力、热、光、电等物理作用下所反映的各种特性。常用的材料物理性能有材料的密度、力学性能（强度、塑性和弹性、脆性和韧性、刚度、硬度、耐磨性）、热性能（导热性、耐热性、耐火性、热胀性、耐燃性）、电性能、磁性能（导电性、电绝缘性）、光性能等。材料的物理特性对设计有着直接的影响。如家具的支承构件需要具有较好的力学性能，座面、靠背、桌面、扶手等与人体直接接触的部位不宜采用导热性能较好的材料，桌面材料不能采用反光性能太好的材料，以免影响人的视线。

（2）化学性能

材料的化学性能包括耐腐蚀性、抗氧化性、耐候性。如厨房台面上经常会有油、盐、酱、醋及各种食品，要考虑台面材料的耐酸碱性与安全性；户外家具经常日晒雨淋，要考虑其耐候性等。

6.1.2　派生特性

材料的派生特性主要包括材料的加工特性与感觉特性两个方面。

（1）加工特性

材料的加工特性是指对材料使用某种加工方法或过程，以获得优质制品的可能性或难易程度。

（2）感觉特性

材料自身的结构和组织，即材质。材质会因为其色彩、纹理以及结构等差异，呈现出不同的感觉。材料的感觉特性就是指材料通过人的感官给人的不同感受。

人们通过视觉与触觉获得的材料的感觉特性简称质感。质感是触觉与视觉所产生的综合印象。材质美的重要内容就是质感。对于造型设计师，视觉质感与触觉质感是质感设计的主要内容，巧妙利用各种材质的肌理进行搭配、材质搭配与材料物理属性搭配，必将实现家具材质美感的创造。

材料的质感特性除了视觉与触觉形成的质感以外，还有嗅觉特性，如木材、皮革等很多材料本身还散发出一定的气味。嗅觉作为五感之一，在食品、化妆品设计中占有重要的分量，随着人们对生活品质要求的提升，嗅觉在家具设计中的重要性也会随之增加。

6.2　实木家具设计

实木家具主要采用天然实木为原材料，具有天然、环保、健康的特点，流露出自然与原始之美，给人一种自然亲切的感受，这也是其长盛不衰的原因。

木材是天然的有机材料，是由树木生长而构成的高分子化的生物材料。相对而言，因木材资源蓄积量大、分布广、取材方便、易于加工成型，自古以来一直都是使用最为广泛的材料。中国古典家具的设计与制作中充分利用木材的色调和纹理的自然美，连接方式多采用榫卯结构，既美观又牢固，极富科学性，是科学与艺术的完美结合。

长期以来，全世界的森林资源总消耗量大于总生长量，木材的需求量大于供给量，木材供需紧张局面会长期存在。过度砍伐森林已对生态环境与人类生存造成了危害。如何保护森林资源，合理利用有限的森林资源，提高木材的利用水平，开源节流是摆在设计师面前的共同任务。

6.2.1 实木家具分类

国家标准《GB/T 3324—2017 木家具通用技术条件》中，按照实木用材的比例和工艺将实木家具分为“全实木家具”“实木家具”和“实木贴面家具”三种。

（1）全实木家具

全实木家具指所有木质零部件（镜子托板、压条除外）均采用实木锯材或实木板材制作的家具。

全实木家具的所有用料都是实木，包括桌面、衣柜的门板、侧板等均采用实木制成，不使用其他任何形式的人造板。全实木家具对工艺及材质要求很高。实木的选材、烘干、指接、拼缝等要求严格，如果某一道工序把关不严，小则出现开裂、接合处松动等现象，大则整套家具变形，以致无法使用。

根据《木家具通用技术条件》的全实木家具概念，只要木材部分是实木就可称为全实木家具，对主框架、侧板、其他辅材的木种无任何要求。也就是全实木家具可以是由两种或两种以上的木材一起制作成的实木家具。为节约高档木材，许多厂家的全实木家具采用主辅材搭配形式，即主材（基材）用一种高档木材，同时采用两种左右的辅材，主要集中在背板、层板及抽屉板等部位。

（2）实木家具

实木家具指的是基材采用实木锯材或实木板材制作，表面没有覆面处理的家具。

从外观上看是实木家具，木材的自然纹理、手感及色泽都和实木家具一模一样，但实际上是实木和人造板混用的家具，即框架采用实木，侧板、顶板、底板、搁板等部件用薄木贴面的人造板。这种工艺节约了木材，也降低了成本。

（3）实木贴面家具

实木贴面家具是指基材采用实木锯材或实木板材制作，并在表面覆贴实木单板或薄木（木皮）的家具。

6.2.2 木材的特性

（1）年轮

年轮是树木由于季节变化生长快慢不同，在木质部的断面显现出的环形纹理。木材以年轮为主体的花纹，在不同切面能得出风格各异的花纹，给人流畅、轻松、协调和高雅的感觉（图6–1）。宽窄不一的年轮是与大自然对话的感受，随生长环境而波动，它与生物体固有波动相吻合，最易引起人们的共鸣，也能给人有安全感的韵律。所以说木材是与人类最亲近、最富有人情味的材料。

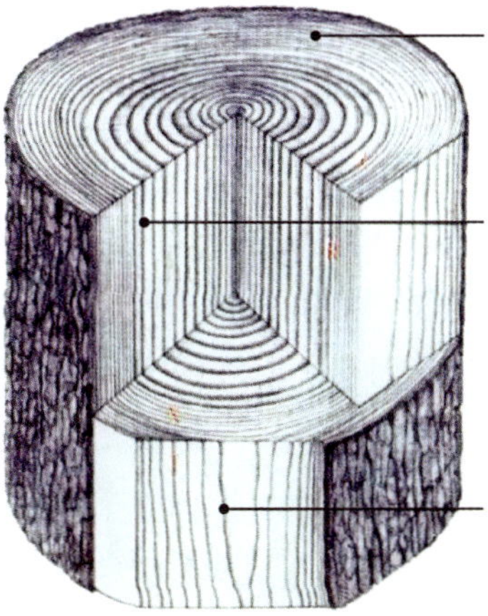

图6–1　木材的不同切面

（2）颜色

木材细胞本身无明显的颜色，但因细胞内含有各种色素、树脂、单宁、树胶及油脂等物质，致使木材呈现各种颜色。木材颜色变化很大，同一树种的木材，也因木材干湿、空气中暴露的时间长短、有无腐朽及树龄、部位等不同而不同。木材颜色的色相多数以橙色为中心，从红到黄的范围内，以暖色为基调，能缓解人们精神紧张的气氛，给人以温暖感。

（3）气味

木材本身无味，但由于木材细胞腔含有的挥发性油、单宁、树脂、树胶等以及细胞壁的沉积物质使得木材发出各种气味。如针叶材中，松木具有松脂香味，柏木具有芳香气味，银杏具有苦药气味；阔叶材中，樟木具有樟脑香气，白蜡木具有甜菜气味，楸木略带似煤油的气味，市场上还常见一种俗称“非洲花梨”的木材，具有酸臭味。木材长时间放置在空气中或长期浸泡在水中，其气味会逐渐减退，以至消失，但也有少数干木材（如香樟等）长时间内具有显著的气味。

木材的气味不仅在识别木材方面具有意义，而且在利用方面也有意义。如用樟木制作书柜可以防虫，但不宜用作贮藏食品或茶叶的容器或家具。

（4）密度与硬度

木材的密度是一个重要的物理指标，在使用木材时必须考虑到木材密度对产品的影响。如飞机上使用的木材，要求重量轻、强度高，并且有一定的韧性；家具上使用的木材，要求重量适中，材质细致，花纹美丽等；建筑上使用的木材，要求重量轻，端直，韧性好，并有较高的强度。一般来说，在含水率相同的情况下，木材的密度越大，强度、握钉力也就越大。因此，密度的大小决定了木材的使用性能。

木材是一种多孔性材料，如果材质细致，一般就意味着强度有了保证（密度更大），这也是我们更喜欢使用硬木来制作家具的原因之一，尽管它们可能不容易锯切和加工。

中国林科院木材科学研究所以木材的气干密度ρ（g/cm^3、含水率15%）为标准，将我国木材的重量分为5级：甚轻（$\rho<0.351g/cm^3$）、轻（$\rho=0.351 \sim 0.550g/cm^3$）、中（$\rho=0.551 \sim 0.750g/cm^3$）、重（$\rho=0.751 \sim 0.950g/cm^3$）和甚重（$\rho>0.950g/cm^3$）。大多数木材的密度（$\rho$）范围为$0.44 \sim 0.57g/cm^3$，平均值为$0.54g/cm^3$。

图6-2　小叶紫檀

图6-3　刺猬紫檀

在树径相等或接近的前提下，热带木材的年轮因为数量更多、更窄，密度更大。红木国家标准中，深色名贵硬木被定义为产于热带和亚热带地区的一类家具用材的统称，这类木材材质硬、重，材性稳定，心材和边材区别明显，抗蛀，耐腐。由此也可以看出年轮宽窄和密度之间的关系。比如，气干密度在1.05～1.26g/cm^{3}的小叶紫檀，它的年轮就窄到不明显（图6-2），而气干密度约为0.85g/cm^{3}的刺猬紫檀，年轮就略明显或明显（图6-3）。

木材的硬度是指木材抵抗另一种物体压入的能力。木材硬度与纹理方向有关，端面硬度较径面和弦面都高，弦面较径面的硬度一般略高或近似。不同树种的木材硬度有很大差别，密度大的木材硬度也高。木材含水率增加，硬度会相应降低。心材比边材的硬度高。因桌面经常会发生物品跌落、倒翻的现象，为避免造成桌面的坑坑洼洼，在设计一些桌面类的构件时建议选用具有一定硬度的木材。

重量越重，气干密度越大，说明木材硬度大、强度高，所以它是一个强度指标，实木家具的木材一般要求气干密度在0.6g/cm^{3}以上。密度、硬度与家具的结构形式、构件粗细、所处部位有直接的关系。如明式家具用行云流水的线条、清秀挺拔的框架，给人一种苍劲的力量感，这与其多采用质地致密、强度较好的优质硬木与榫卯结构直接相关（图6-4和图6-5）。相反，对于材质较松的木材，在设计时要考虑适当加大截面，甚至还要在结构部位做相应的增强处理。当然，这种密度大小与构件粗细的对应关系也有例外。如现在仍然还有很多消费者认为实木家具的价值主要体现在家具中实木的占比，为了满足这部分消费者的需求，设计师就采用较大体量的构件形式（图6-6）。显然，这种设计方法有悖于可持续设计理念，不能提倡。

图6-4　明式四出头官帽椅

图6-5　明式南官帽椅

图6-6　实木沙发

（5）含水率与干缩湿涨

正常情况下的木材及其实木家具，都会有一定的水分。木材中所含水分的重量与绝干后木材重量的百分比称为木材含水率。木材含水率在纤维饱和点以上，外形保持为最大尺寸。当含水率降低到纤维饱和点以下时，随着水分的蒸发，木材外形会发生收缩，称为干缩。到绝干时，收缩至最小尺寸。倘若此时再吸湿，从而引起尺寸与体积的膨胀，称为湿涨。木材的纤维饱和点随树种和温度的不同而不同，一般木材的纤维饱和点在常温下为23%～33%，通常为30%。

将木材置于一定的环境（温度、相对湿度）下，在足够长的时间后，其含水率会趋于一个平衡值，称为该环境的平衡含水率（简写EMC）。当木材含水率高于环境的平衡含水率时，木材会排湿收缩，反之会吸湿膨胀，这样就容易造成开裂、变形等质量问题。因此，木材干燥要适当，并非越干越好。不同地区、不同用途，对木材含水率的要求也是不一样的。平衡含水率随不同地区、不同季节或环境温度、湿度的变化而有所增减，如北京11.4%，上海16.0%，广州15.1%，南京14.9%，哈尔滨13.6%，杭州16.5%，济南11.7%。如干燥到11%的木材用于北京是适合的，但用于广州将会吸湿膨胀，发生变形。国家根据南北方空气含水率的不同，出了将含水率控制在12%以内为合格的规定。而在北方的冬季，家里有暖气、空调等，对于家具是一个长期烘干的过程，家具在家中放置3～5个月后含水率会下降为4%～6%，这种情况在设计时也要充分考虑到。

“干千年，湿千年，干干湿湿两三年”是木工谚语，指的是木材含水率与木材使用年限的关系。含水率很低或很高时，木材使用年限都很长，而半干半湿或时干时湿，木材就很容易腐朽。因此，在设计茶桌、橱柜等容易遇到水的家具时要特别谨慎，尽可能做好干湿分区，并对容易遇到水的部分做好相应的结构与材料处理。

家具制作完成后，造型、材质都不可再扭转，此时决定家具内在质量的重要因素除了木材含水率以及干燥应力外，在设计时也应该采用合适的结构形式。

（6）各向异性

木材的轴向细胞是平行于树干延伸的，而射线细胞是垂直于树干径向延伸的，组成细胞壁的各层微纤丝排列不同，以及微晶为单斜晶体，加上木材的层次性，必然使木材显示出各向异性。木材的各向异性，首先表现在各个方向的强度不一致。木纤维纵向联结最强，故顺纹抗拉强度最高。木材顺纹受压，每个细胞都好像一根管柱，压力大到一定程度时细胞壁向内翘曲然后破坏，故顺纹抗压强度比顺纹抗拉强度小。横纹受压，管形细胞容易被压扁，所以强度仅为顺纹抗压强度的1/8左右，弯曲强度介于抗拉、抗压之间。木材顺纹方向的抗拉强度、抗压强度最大，横纹方向最小；顺纹的抗剪强度最小，而横纹最大。木工谚语“横挑千斤竖顶万”就是此真实写照，因此要特别注意横向受力的枨的尺寸。设计时要根据构件的粗细合理安排木材的纹理方向。

木材的各向异性决定了其干缩情况也一样复杂。干缩情况不但随树种不同而不同，即使是同一块木材，纵向、弦向、径向的干缩也不一样，纵向干缩极小，弦向干缩最大，径向干缩为弦向干缩的（1/3）～（1/2）。木材是由许多长细胞组成的，在纤维饱和点以下，当吸着水减少时，木材细胞长度上的干缩不如截面的变化大，所以纵向干缩极小。弦向干缩率与径向干缩率的比值为差异干缩。差异干缩越大，木材越容易发生翘曲与开裂现象。木材中射线的含量、形状及种类对木材差异干缩影响极大。如水曲柳的径向干缩系数为0.197%，弦向干缩系数为0.353%，一块800mm宽的水曲柳餐桌桌面，从广州运输到北京，含水率降低约3.7%，径切板将干缩约5.8mm，弦切板将干缩约10.4mm。

（7）多孔性

木材是含有大量孔隙的多孔性材料。木材的多孔性是由于组成木材的细胞具有细胞腔，此外，细胞壁上也有微毛细管。木材的多孔性使木材密度较低，细胞腔中存有空气，空气是热、电不良导体，所以木材是隔热和电绝缘材料。木材多孔性使木材有特殊的表面性能，如对光线有表层反射和内层反射，使木材具有一定光泽，而又较为柔和；对眼睛有害并会造成眩晕的紫外光具有吸收作用；质感温润。但木材的多孔性也使得木材具有一定的渗透性，增加了木材吸湿性，造成木材尺寸的不稳定性。

（8）木材的缺陷

木材具有很多优点，也存在许多缺点，如节疤、变色、腐朽、虫害、裂纹、树干形状缺陷、木材构造缺陷、伤疤、木材加工缺陷、变形等（图6-7）。有些缺陷可以通过木材改性加以改善，但有时设计师不妨换个视角，通过巧妙的设计，将这些缺陷变为衬托、对比、点缀等表现效果，展现出非凡而特殊的设计表现力。

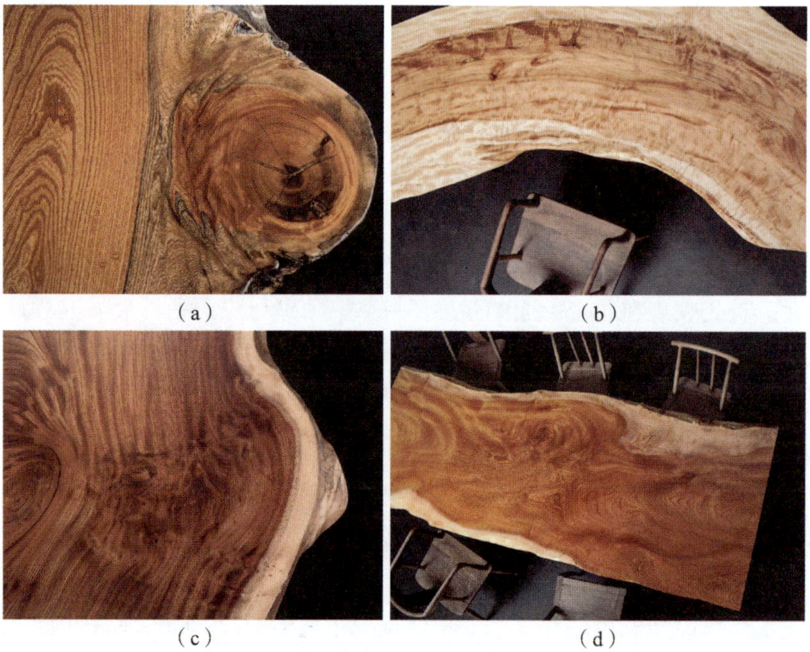

图6-7　木材缺陷

（a）节疤　（b）树干形状缺陷　（c）树瘤　（d）白皮

6.2.3　家具常用木材

木材可分为针叶树材和阔叶树材两大类。

针叶树树叶细长如针，多为常绿树。针叶树材往往密度较小，材质较松软，故又称软木。各种松木、云杉、杉木、冷杉、柏木等均是针叶树材。软木一般质地比硬木要软，常用于建筑的结构组件，也是纸张、人造板的主要原料，但有些软木也并非我们想象的“吹弹可破”的模样，依然可以用来制作家具、门窗等木制品。

阔叶树树叶宽大，叶脉呈网状，大部分为落叶树，密度较大，材质较坚硬，因此又称硬木。通常硬木具有质地坚硬、颜色丰富、纹理美观、品质优良的特点，但硬木的硬度差距较大，也有少数硬木比较柔软。由于阔叶树材种类繁多，统称为杂木。其中材质坚硬的称为硬杂木，如樟木、水曲柳、柚木、山毛榉、柞木等；材质轻软的称为软杂木，如桦木、椴木、杨木、泡桐、轻木等。

红木属于阔叶树材，但不是泛指一种红色木材，也不是一种木材，而是国内对一些高端、名贵硬木用材约定俗成的统称。这些木材花纹美观，材质坚硬，耐久，为贵重家具及工艺美术品等用材。

目前市场上销售的各种实木家具，其材料来源很广，下面主要就常见的一些主要家具用材进行分类阐述，因红木属于比较特殊的一类硬木，故单独列出。

（1）红木

红木家具因材质优美以及蕴藏在外表美之下的中国文化内涵，具有独特的神韵，为众多消费者所喜爱。随着人们对红木的需求日益增加，国家根据密度等指标对红木进行了规范。旧版的国家标准是2000年发布的《GB/T 18107—2000　红木》，其中规定了5属8类共33种木材，当前最新的国家标准是2017年底由国家林业局起草，2018年7月1日中华人民共和国国家质量监督检验检疫总局、中国国家标准化管理委员会发布的《GB/T 18107—2017　红木》中规定的5属8类共29种木材，将乌足紫檀、越柬紫檀、黑黄檀、蓬塞乌木这四种木材或归类或取消，其中红木的产地和学名都是有所对应的，不在这些分类中的木材均是非国标红木（图6–8）。当然，也有很多种非国标红木质地性能均不比这29种国标红木差。

红木5属是以树木学的属来命名的，即紫檀属、黄檀属、柿属、崖豆属及铁刀木属。8类则是以木材的商品名来命名的，即紫檀木类、花梨木类、香枝木类、黑酸枝木类、红酸枝木类、乌木类、条纹乌木类和鸡翅木类。红木是指这5属8类木料的心材。

红木生长缓慢、材质坚硬，生长期都在几百年以上，原产于我国南部的很多红木早在明清时期就被砍伐所剩无几，如今的红木大多是产于东南亚、非洲，最近也有从南美洲引进，我国广东、云南有培育栽培和引种栽培。

近些年，红木界常用“老三样”“新三贵”“五虎将”来指不同的红木品种，带有商业炒作的成分，但在一定程度上也反映了各种木材的珍稀程度。

“老三样”，指的是一黄二紫三红，一黄指的是海南黄花梨（降香黄檀），二紫指的是印度小叶紫檀（檀香紫檀），三红指的是老挝大红酸枝（交趾黄檀）。随着资源的枯竭和价格

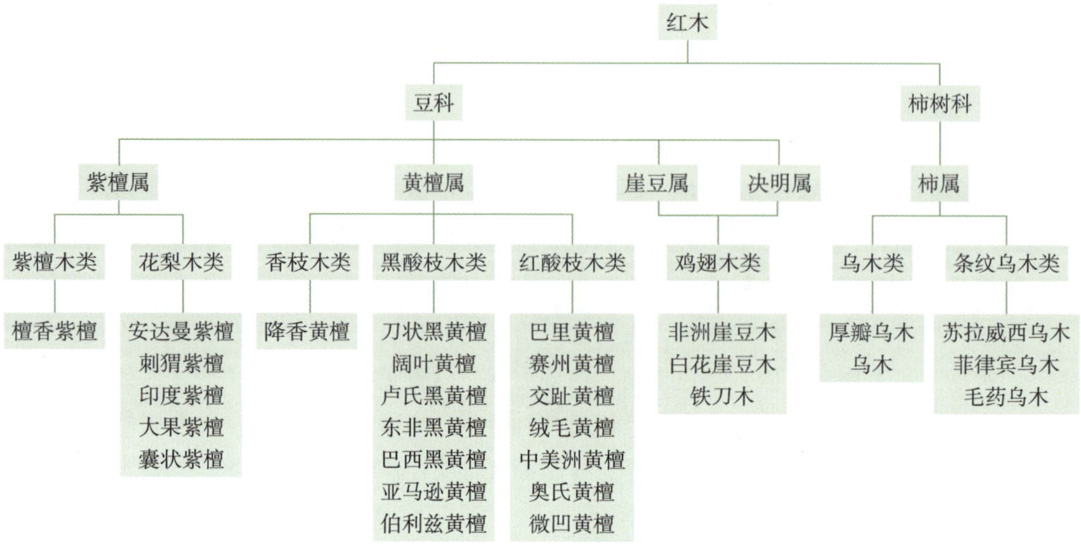

图6-8 国家标准《红木》5属8类29种木材延伸图

的一路上涨，“老三样”逐渐退出消费市场。随着市场需求的提升，红木“老三样”渐趋枯竭、价格猛涨，基本转入定制、收藏市场。大叶紫檀（卢氏黑黄檀）、紫光檀（东非黑黄檀）和微凹黄檀成为所谓的红木“新三贵”。按照当下红木家具市场的现状，不考虑各种红木替代用材，在国家标准中有五种材料占据了90%以上的销量，分别是刺猬紫檀、大果紫檀、阔叶黄檀、巴里黄檀、奥氏黄檀。

① 海南黄花梨

中文学名：降香黄檀

拉丁名：*Dalbergia*

英文名：Scented rosewood

别称：香枝木、降香檀、花梨木、黄花梨、降香、海黄

产地：中国海南岛

气干密度：0.82 ~ 1.10g/cm^3

颜色：木色金黄而温润，心材颜色较深，呈红褐色或深褐色。

纹理：纹理清晰，如行云流水，非常美丽。最特别的是木纹中常见的有很多木疖，这些木疖也很平整，不开裂，呈现出狐狸头、老人头及老人头毛发等纹理，美丽可人，即为人们常说的“鬼脸儿”，但并不是所有的海南黄花梨（简称海黄）都有鬼脸（图6–9）。越南黄花梨（简称越黄）也有“鬼脸”，但海黄有一个特征，那就是所谓“鬼脸”中心点特别黑的那个点，俗称“鬼眼”，而越黄没有“鬼眼”（图6–10）。

图6–9 海南黄花梨

图6–10 越南黄花梨

气味：拥有淡淡的降香，并不像沉香那样浓密而且香味持久，只有新切面或者封严的杯子、罐子才能闻到，一旦新切面暴

露在空气中，不久香味就慢慢变淡，直到刮开新的表面就又会散发出来。此外，即使在雨天或者潮湿的天气，海黄也会散发出悠悠降香。

材性：木性极为稳定，不变形、不开裂、不弯曲，有一定的韧性。

早在唐代，书籍中便有黄花梨的记载，在《本草拾遗》中称："花榈出安南及海南，用作床几，似紫檀而色赤，性坚好。"明初王佐增订《格古要论》，讲到："花梨出南番广东，紫红色，与降真香相似，亦有香。其花有鬼面者可爱，花粗而色淡者低。"清刊本《琼州府志・物产・木类》："花梨木，紫红色，与降真香相似，有微香，产黎山中。"从其他文献里，可以得知其主要产地为海南岛。据明清家具专家王世襄在《明式家具珍赏》中考证，1956年出版的由侯宽昭主编的《广州植物志》，在檀属中提到一种在海南岛被称为花梨木的檀木，新起名曰"海南檀"，此书的描述是："海南岛特产……为森林植物，喜生于山谷阴湿之地，木材颇佳，边材色淡，质略疏松，心材色红褐，坚硬，纹理精致美丽，适于雕刻和家具之用。"1980年出版的由成俊卿主编的《中国热带及亚热带木材》，对侯宽昭的定义又有所修正，建议把该树种另定名为"降香黄檀"。

因有一种中药的"降香"味道而得名，又因产于中国海南岛，俗称海南黄花梨，简称海黄。作为家具用材，海黄的特点是"不静不喧，恰到好处，纹理或隐或现，生动多变。"除了纹理上的特点，它还有不易开裂、不易变形、易于加工、易于雕刻、有香味等特点。在家具形式与功能日趋统一的明代，黄花梨家具无疑是这场变革的先行者，明清家具在工艺、造型、用材上达到令人难以企及并传之万代的高度。明代工匠在制作黄花梨家具时一般采用光素手法，即主要利用和发挥木材本身的特点，突出海南黄花梨纹理、色泽之美，给人雅致、简洁的感觉（图6-11和图6-12）。

黄花梨家具的出现与弘扬，与明清家具三大流派中"苏作"密不可分。苏州等江南一带地区，是明式细木、红木家具的发源地。在当时，江南一带的文人雅士纷纷参与家具的设计制作，与工匠一起钻研、总结黄花梨的特性，将文人审美与制作工艺结合，形成了苏作家具"雅致"的特点。黄花梨本身的如玉质感及淡雅香气成为文人家具最为具象的表现。

② 小叶紫檀

中文学名：檀香紫檀

拉丁名：*Pterocarpus santalinus L.F.*

图6-11　黄花梨香几

图6-12　黄花梨罗汉床

英文名：Red Sandalwood，Red Sanders

别称：紫檀、小叶紫檀、金星金丝紫檀、牛毛纹紫檀

产地：印度南部

气干密度：1.05 ~ 1.26g/cm^3

颜色：新剖面呈橘红色，经过一段时间的氧化之后变为紫红色，而树杈点颜色为深褐红色（图6–2）。

纹理：密度大、棕眼小是其显著的特点，有如同牛毛一般的纹路。树干纹理密实，毛孔细小；根部或杈点有“黑眼”。

气味：新切开的料或遇火烧等高温时有一种区别于其他木材的淡淡檀香味。

材性：木性非常稳定，不易变形和开裂。

早在两晋时期，紫檀就在古籍中出现，唐代的《唐本草》、明代的《大明一统志》《本草纲目》都有关于紫檀的记载。最初，人们将紫檀当作香料使用，直到唐代，才以木制品用材出现在宫廷用器中。

小叶紫檀是市场传统概念中唯一的“紫檀”，大多产于亚洲热带地区，如印度，历史记载在我国云南、两广等地也曾有少量出产。紫檀是世界上名贵的木材之一，被尊为木中之王。它几乎集名贵木材的所有优点于一身，并且生长期极其缓慢（5年才一年轮，要800年以上才能成材，硬度为木材之首），且树多空心，最大的紫檀木直径仅为20cm左右，其珍贵程度可想而知。在民间素有“十檀九空，百年寸檀（百年长一寸）”“一两紫檀三两银”“一寸紫檀一寸金”的说法。一张18世纪制作的中国紫檀木桌在1994年美国索思比拍卖行被卖到3500多万美元的天价，可谓“寸檀寸金”，实不为过。由于紫檀过于名贵，如今流传下来的紫檀器物数量要少于黄花梨。倘若是大型器物，因为材料难得，更是被视同珠璧。

紫檀乃至所有的硬木家具真正登上历史舞台是在明代的万历年间开放海禁、来自东南亚的高档木材进入我国之后。“康雍乾”盛世的出现，对外贸易日渐频繁，使得南洋地区的优质木材源源不断地流入境内，为清代家具的制作提供了充足的原材料。同时，清初手工艺技术突飞猛进的发展和统治者的推崇，对紫檀家具的发展也起到了推波助澜的作用（图6–13和图6–14）。紫檀因为静穆古雅的气质成为王室贵族钟爱的材料。因此，有人提出：“如果说黄花梨代表的是士大夫阶级的喜爱，那么紫檀代表的则是真正的皇族审美观念。”

图6–13　紫檀云龙纹宝座

图6–14　紫檀座椅

③ 大红酸枝

中文学名：交趾黄檀

拉丁名：*Dalbergiacochinchinensis*

英文名：Siam rosewood

别称：红酸枝、大红酸枝、老红木

产地：老挝、越南、泰国、柬埔寨、缅甸、马来西亚和新加坡

气干密度：0.9 ~ 1.2g/cm^3

颜色：木质与颜色类似于小叶紫檀，年轮纹理较粗，纹理有黑筋，颜色近似枣红色。

纹理：不如紫檀温润如玉，但也十分细腻，棕眼细长，油性充足，常见有黑褐色条纹。它区别于其他木材的最明显之处在于其木纹在深红色中常常夹有深褐色或者黑色条纹（俗称黑筋），结构细而密，鬃孔较大，纹理清晰，有直纹，有花形纹（图6–15）。

气味：所有的酸枝木（包括红酸枝和黑酸枝）都是有酸香气的。材质最好的交趾黄檀生长于老挝北部高山地区，气味散发也更充分。

材性：材质较硬，不易透水，因此不易变形、开裂。

红酸枝真正作为珍贵木材而被历史记载要追溯到清朝中叶以后。从传世的家具及档案来看，乾隆以前几乎看不到酸枝木家具的记载，酸枝木是在紫檀、花梨木几乎告罄后，作为替代品由南洋进口而来的。到了清代后期，酸枝木家具数量猛增，在清代宫廷家具中已经占有重要的地位（图6–16）。

红酸枝不仅具有黄花梨的迷人花纹，也具有紫檀稳重、大气的色泽，但不同于黄花梨的文人气质、紫檀的贵族血统，红酸枝在流入中国后，先是得到了民间的垂青。从木材特性而言，红酸枝家具满足了中国人与生俱来对于红色的喜好，天生带有“喜气”，再加上其本身微酸的香气、细腻适合雕刻的材质，成为富户巨贾室内不可或缺的家居陈设。

④ 大叶紫檀

中文学名：卢氏黑黄檀

拉丁名：*Dalbergia louvelii*

（a）

（b）

图6–15　大红酸枝

（a）木纹（b）案面

图6–16　大红酸枝小条案

英文名：Bosderose

产地：非洲马达加斯加

气干密度：0.95g/cm^3

颜色：心材新切面呈紫色至深紫色，久则转为深紫色或黑紫色。

纹理：与檀香紫檀有着很多相似之处，但相比之下，大叶紫檀的纹理间距要宽一些，不过纹理的排列非常整齐有序，牛毛纹偏长、偏多、偏直，颜色紫褐色，褐纹较宽，打磨后有明显脉管纹棕眼（图6–17）。

气味：拥有淡淡的酸香气，与小叶紫檀的淡淡檀香气有着明显的区别。

材性：木材结构极致密，木材硬、重而均匀。

有人因为它与小叶紫檀相似的纹路、色泽及接近的密度与同样不错的油性，将之与小叶紫檀混为一谈。事实上，它属于酸枝木类的黑酸枝木。大叶紫檀家具因纹理连贯、色泽静默，呈现出一种凝神静气的高雅气质（图6–18）。

（a）

（b）

图6–17　大叶紫檀

（a）木纹　（b）案面

图6–18　大叶紫檀条案

⑤ 紫光檀

中文学名：东非黑黄檀

拉丁名：*Dalbergia melanoxylon Guill.&Perr*

英文名：African Blackwood

产地：非洲东部

气干密度：1.25 ~ 1.33g/cm^3（当今最重、最硬的木材）

颜色：心材新切面紫色至深紫色，久则转为深紫色或黑紫色，带黑条纹（图6–19）。

纹理：与檀香紫檀有着很多相似之处，但相比之下，其纹理较粗，颜色紫褐色，褐纹较宽，打磨后有明显脉管纹棕眼。结构甚细至细，纹理交错，有局部卷曲。紫光檀变化莫测的黑色花纹似名山大川，如行云流水，胜碧玉，令印象派大师自叹不如。

气味：酸香气微弱。

材性：木材结构极致密，木材硬、重而均匀，切面滑润，棕眼稀少，肌理紧密，油质厚重。强度、抗震性能高，抗腐蚀性高；非常稳定，不易翘曲变形。因密度较大、质地坚硬，加工时刀具的刃口磨损很快，经常需要打磨维修，因而加工速度也较慢。

从原木价格来说，紫光檀在所有红木中的排名仅在中后位，虽然因原木品相参差不齐而跨度较大，但基本也只是与缅花、花枝的价格档次相近。虽然原木价格不高，但因紫光檀木材多为S形，取料困难，出材率极低，仅为10%～15%（高端家具6%～8%）。同时，因硬度高，加工也有非常高的难度，所以成品家具的价格甚至已与大红酸枝家具比肩。

紫光檀加工出来的木材特色显著，密度很大，因而制成的家具又重又硬。家具成品木质圆润浑厚，纹理细腻华美，深沉静穆而不乏自然光艳，色泽变化抑扬顿挫，浑然天成，不静不喧，给人庄重朴实、沉穆威严之感（图6-20）。

（a）

（b）

图6-19 紫光檀

（a）木纹 （b）抽屉面

图6-20 紫光檀玄关柜

⑥ 微凹黄檀

拉丁名：*Dalbergia retusa Hesml*

英文名：Cocobollo

产地：墨西哥、巴拿马

气干密度：0.98～1.22g/cm^3

颜色：刚刨切的时候呈黄红色，因其油性充足，其表面很快氧化，变成橙红色，并有深黑色条纹，类似于老挝红酸枝的黑筋。3个月后，木材的颜色基本稳定。

纹理：管孔中含有黑色树胶，在径切面与弦切面上可以看见大量的黑细线与黑点，有类似于老挝红酸枝的黑筋（图6-21）。

气味：刨切时有比较浓的酸香味。

材性：具光泽，强度高，硬度大，耐腐蚀性强，抗虫性强。结构细而均；纹理直至略交错。加工性能好，加工后板面光滑，干材尺寸稳定性优。

微凹黄檀最早进入中国市场是在2004年，我国历史上无使用此种木材的记载，人们对这种木材的认知度较低，该木材的各种木性和东南亚大红酸枝非常接近，甚至有些指标还优于东南亚大红酸枝。微凹黄檀的纹理漂亮，有的似黄花梨般行云流水的纹理，还有人们喜欢的“鬼脸”，并且油性比较大，不易开裂，容易出包浆。用微凹黄檀做出来的家具表面质感和油性都很好，耐摩擦，表面打磨光亮感好（图6–22）。

（a）

（b）

图6–21 微凹黄檀

（a）木纹 （b）案面

图6–22 微凹黄檀画案与四出头官帽椅

⑦ 巴里黄檀

拉丁名：*Dalbergia bariensis*

别称：花枝（老挝红酸枝）、紫酸枝（柬埔寨红酸枝）

产地：东南亚柬埔寨、老挝等地

气干密度：0.94 ~ 1.15g/cm^3

颜色：心、边材区别极明显，边材呈灰白至灰褐色，宽2 ~ 3cm；心材显现玫瑰黄色、红褐色、灰紫褐色，常有宽窄不等的黑色或紫黄色带状条纹，时间越久颜色就越深。

纹理：弦切面上有栗褐色带鱼鳞状细条纹构成丰富的美丽花纹（图6–23）。

气味：新开料有轻微的酸香气，久则无任何气味。

材性：材质稳定，耐久性好，油质感较好，光泽度好，其耐腐蚀性强，抗虫性强，稳定性较好。

明清家具传统用材之一（图6–24），在现在的中高端红木家具市场上有较高的占有量。作为老红木（大红酸枝，学名交趾黄檀）的替代用材，在木材界和收藏界，为了区别于交趾黄檀（老红木），通常把巴里黄檀（花酸枝）与奥氏黄檀（白酸枝）并称为“新红木”。在

（a）

（b）

图6-23　巴里黄檀

（a）木纹　（b）柜面

图6-24　巴里黄檀圆角柜

江浙一带的红木木材市场上，巴里黄檀多被称为“花枝”，在红木家具市场上，很多红木家具厂以“红酸枝”作为巴里黄檀家具的俗称进行标注。作为国家标准中大红酸枝的替代用材，巴里黄檀的主要问题是大料少，一般市场上见到的都是20～25cm的料，超过30cm口径的比较少。

⑧ 奥氏黄檀

拉丁名：*Dalbergia oliveri Prain*

别称：缅甸酸枝、白酸枝

产地：缅甸、泰国、越南、老挝和中国（云南德宏）等低海拔混交林

气干密度：1.00g/cm^3

颜色：材色浅红色至深红褐色。

纹理：常带明显的黑色条纹，很像交趾黄檀的“黑筋”，弦切面有“鸡翅纹”，新切面呈柠檬红色（图6-25）。

气味：新切面酸香气味微弱。

材性：具光泽，强度高，硬度大，耐腐蚀性强，抗虫性强，结构细，略均匀，纹理直或交错。加工略困难，但精加工后木材表面光滑。

白酸枝在明代即已作为家具材料而被使用（图6-26），王世襄先生就曾收藏过一件明代白酸枝夹头榫画案，一木一器制成，纹理、色泽与黄花梨极为接近。但是明清时期的酸枝木主材还是以红酸枝为主。

到了民国时期，西式家具的盛行和传统红木的数量日趋减少，白酸枝这种木材开始初露

图6-25 奥氏黄檀

图6-26 奥氏黄檀螭龙纹方桌

锋芒。当时，白酸枝家具因其颜色浅而亮，更容易搭配西式家具，价格曾一度暴涨。此后，随着西式家具和传统家具风格的融合，白酸枝也一度沉寂下去。

⑨ 阔叶黄檀

拉丁名：*Dalbergia latifolia Roxb.*

别称：紫花梨、广叶黄檀

产地：印度尼西亚的爪哇、印度

气干密度：0.75 ~ 1.04g/cm^3，多数在0.82 ~ 0.86g/cm^3

颜色：心材多呈紫褐色、紫红色，少量黄色、黑色或紫色条纹、墨绿色条纹。原木砍伐后，端头如未及时封蜡，常温下会由两端向内颜色变深；木材在阳光下暴晒，颜色可变淡。木材有光泽。

纹理：常有较宽但相距较远的紫黑色条纹，纹理交错，具有生长轮花纹（图6-27）。

气味：新切面有酸香味。

材性：木材坚硬，材质稳定，弯曲强度、抗压强度高，抗震性能中等，耐用性好，蒸汽弯曲性能好。

阔叶黄檀因其构造细腻，纹理明晰，油性好，制造出来的家具坚固耐用，历经百年而不变形，因而在明清时代使用比较普遍（图6-28）。因其木材性质优秀，性价比高，阔叶黄檀已成为当前“黑色系”红木的主流，一般多见于新古典、新中式风格。

图6-27 阔叶黄檀

图6-28 阔叶黄檀联三橱

⑩ 缅甸花梨

中文学名：大果紫檀

拉丁名：*Pterocarpus macrocarpus Kurz*

别称：缅花、香花梨

产地：缅甸、泰国、老挝、柬埔寨和越南

气干密度：0.80 ~ 1.01g/cm^3

颜色：心材呈橘红、砖红或紫红色，常带有深色条纹。

纹理：木纹清晰，细而匀，有些部位有虎皮纹，非常美观。缅花纹理较刺猬紫檀纹理略粗，颜色偏红，且以直纹居多（图6–29）。

气味：有一种檀香味，其香悠远醇厚，不张扬。

材性：材质硬且重、密度高、耐腐防虫，结构细，质感、手感良好。

晚清民国时期，海南黄花梨几乎砍伐殆尽，加之当时国力日趋衰微，进口同等贵重的木材（如檀香紫檀）已经力不能及。这时，缅甸花梨作为黄花梨的补充而被引入到家具制作中（图6–30）。所以在存世的晚清民国家具中，缅甸花梨家具的数量相当可观，而黄花梨家具则难得一见，被称为红木市场上的"大众情人"、中流砥柱，是现在中端红木家具市场上使用最多的木材。缅甸花梨木纹清晰、材质硬且重、密度高，木性稳定，易于雕刻和加工。用缅甸花梨木制作的家具，其色泽温润，悠远醇厚，低调内敛，大气美观，更牢固耐用，不易变形。

图6–29　缅甸花梨

图6–30　缅甸花梨联三橱

⑪ 刺猬紫檀

拉丁名：*D Pterocarpus erinaceus Poir.*

产地：冈比亚、科特迪瓦、几内亚比绍、马里、塞内加尔、莫桑比克等非洲国家

气干密度：0.85g/cm^3

颜色：材身颜色呈黄褐色，常带有紫红色条纹。

纹理：纹路绮丽，木纹清晰且细密，灵动流畅，非常美观（图6–31）。

图6–31　刺猬紫檀

气味：原木有淡淡的檀香或者无味。

材性：具有光泽，干燥性能较好，抗变形性较好，易上漆、染色，胶粘性能良好。

刺猬紫檀主产于热带非洲；其他产地：冈比亚、科特迪瓦、几内亚比绍、马里、塞内加尔、莫桑比克等非洲国家都有出产，这六个国家的才是正宗的刺猬紫檀，属于国标红木，加蓬等国家出产的都不是刺猬紫檀，不属于国标红木，是非洲花梨木，主要为家具用材，装饰、镶嵌、装饰木地板。

刺猬紫檀最主要的一个特征是鼓钉刺，密集的鼓钉刺从心材穿透边材冒出来，在树表形成一个大刺瘤，有点像刺猬，这也是其被称为刺猬紫檀的原因（图6-32）。相比缅花，油性略差一点，年轮更明显，纹理更为丰富，颜色偏浅黄，且香味较淡（图6-33）。

（a）

（b）

图6-32 刺猬紫檀鼓钉刺

（a）鼓钉刺（1）（b）鼓钉刺（2）

图6-33 刺猬紫檀圆角柜

（2）硬杂木

家具中常见硬木有胡桃木、白蜡木、红橡木、白橡木、榉木、乌金木等，为了准确识别树种，恰如其分地用材，必须充分了解一些常用木材的性能特征。

①胡桃木

气干密度：0.61 ~ 0.78g/cm^3

产地：北美、欧洲、东南亚等地，其中以美国黑胡桃木（American black walnut）最为名贵。

颜色与纹理：胡桃木的边材是浅黄色至浅栗褐色，心材从红褐色至栗褐色，还有浅棕色和深巧克力色，生长轮明显，间有深色条纹、波浪纹、直条纹、大山纹、雀眼纹、虎斑纹、树瘤纹、鸟啄纹、变向球影，其中径切面上有射线斑纹等多种自然纹理。色泽柔和低沉、纹理直至略交错，结构均匀，不易氧化变色。黑胡桃木颜色视所生长地区而有不同。称为黑胡桃木并非指其木材为黑色，而是由于其果实外壳为黑色，实际上木材为淡灰褐色至浓深紫褐色。弦切面为美丽的大抛物线花纹（大山纹）（图6–34）。

材性：胡桃木是密度中等的结实的硬木，强度中，旋切和刨切容易；略耐磨，干燥迅速，胀缩率较小，稳定性好；抗弯曲及抗压度中等，韧性差，有良好的热压成型能力；油漆、胶粘、染色等性能良好。

胡桃木家具一直被视为贵族一样的存在，不仅因为其颜色呈现贵族气质，更是因为其优质的木性，制成的家具耐腐朽，不易开裂，但胡桃木家具最能体现其贵族气质的还是胡桃木的木纹。胡桃木的树纹一般是直的，有些呈波浪形或卷曲树纹，形成非常华丽的图案，生产出的胡桃木家具其外观效果非常顺滑，而且很有质感，花纹也比较自然，由于密度较大，拿起来也比较有分量，且胡桃木在阳光反射下会出现类似金丝的东西（图6–35）。

图6–34 胡桃木餐桌面

图6–35 胡桃木餐椅

② 白蜡木

气干密度：0.60 ~ 0.72g/cm^3

产地：北美及欧洲部分地区

颜色与纹理：呈淡乳白色调，奶白色或微带粉红。心材树种，心材颜色深浅变化，由淡棕色到深棕色或由深棕色到淡棕色。木纹明显、花纹美丽，带有粗粒，与欧洲槐木相似（图6–36）。

材性：木材通常平直，坚韧而富有弹性；因切面光滑，从而油漆和胶粘性能都很好；材质坚韧，强度大，抗震好，蒸汽弯曲性能良好，是较好的家具制作原材（图6–37）；耐用性强、防腐性能好，很适合气候干燥地区，老化极轻微，心材变化小；白蜡木材料的干燥性能比较差，若没有处理好就会出现开裂、变形等情况，会严重影响外观与使用；表面容易起毛，因此需要极为精湛的制作工艺才行。

③ 红橡木

在众多家具里，橡木是制造各类高档家具的理想材料，因此受消费者青睐。它们生长轮明显，略呈波状，质重且硬，主要产自欧洲及北美，属于百年以上成材的珍贵树种，价格也较贵。

市场上，橡木大致分为红橡木和白橡木两大类，但是红橡木不红、白橡木不白，红橡木因秋天树叶变红而得其名称。白橡木和红橡木外观颜色、密度、性能等十分接近，但是细分起来还是有很大不同的。白橡木管孔内有浸填体，抗渗性比红橡木好，这种特性使白橡木在国外广泛应用于储存葡萄酒的酒桶，是举世闻名的橡木酒桶用材，而红橡木却不能做酒桶。在市场上，白橡木的供应量较少，价格也比红橡木高很多。因此，市场上以白橡木为主材的纯实木家具目前并不多见，而较多采用的是红橡木（图6–38和图6–39）。

气干密度：0.66 ~ 0.77g/cm^3

产地：北美、欧洲、土耳其等

颜色与纹理：心、边材区别明显，心材呈黄褐色或浅栗褐色，边材呈浅黄褐色，约2cm左右。生长轮明显，呈波浪形，环孔材，质地粗糙，宽木射线极明显。

材性：机械加工性能良好，力学强度相当高，耐磨损；虽然建议先行钻孔，但其握钉力强；染色及抛光后能获得良好表面；干燥缓慢且易开裂、翘曲；收缩率大，性能易变化。

图6–36　白蜡木餐桌面

图6–37　白蜡木餐桌、餐椅

图6–38　红橡木餐桌面

图6–39　红橡木餐桌、餐椅

④ 樱桃木

气干密度：0.62g/cm^3

产地：主要分布于美国，在欧洲和日本也有分布，性能略有不同。

颜色与纹理：初期颜色为偏淡红浅暖色调，随着使用颜色会加深，色泽温暖，俗称红樱桃；纹理细腻，木纹清秀，有类似水波木纹，抛光性好；有小抛物线，手感温润（图6–40和图6–41）。

材性：机械加工性能好，干燥尚算快速，干燥时收缩量大，但干燥后尺寸稳定性很好；木材的弯曲性能好，硬度中等，强度中等，耐冲击载荷中等。

图6–40 樱桃木餐桌面

图6–41 樱桃木餐边柜

⑤ 榉木（山毛榉）

自明清以来，榉木一直都是民间家具的常用材料（图6–42）。虽不属华贵木材，但在明清传统家具中，尤其在民间，使用极广。这些榉木多产于我国的南方，同北方的榆木有“南榉北榆”之称。

图6–42 榉木餐桌、餐椅

榉木家具多为明式，造型及制作手法与黄花梨等硬木家具基本相同，具有相当高的艺术价值和历史价值。榉木重（气干密度约0.79g/cm^3，在所有的木材硬度排行中，属于中上水平）、坚固，抗冲击，蒸汽下易于弯曲，可以制作造型，抱钉性能好。榉木为江南特有的木材，纹理清晰，木材质地均匀，色调柔和、流畅。

由于采伐量大，我国的榉木材料日渐减少。1999年，榉木被列为国家二级重点保护植物，禁止采伐。因此，目前市场上的所谓榉木家具采用的榉木不属于此类，而是壳斗科山毛榉（又称水青冈），因其名中带个“榉”字而被商家攀附为榉木。下面着重介绍的就是这类山毛榉材料。

气干密度：0.67 ~ 0.72g/cm^3

产地：亚洲、欧洲与北美洲

颜色与纹理：心、边材区别不明显，木材呈浅红褐色至红褐色，有光泽，弦面具有银光纹理，木纹呈密集的芝麻点状花纹（图6–43）。

材性：木材干燥缓慢，干缩大，干燥时易发生开裂、劈裂及翘曲；木材强度属中等，耐腐性弱或中等；木材切削较容易，径面有银白色花纹，油漆后光亮性良好，胶粘容易，握钉力强，但有时易劈裂。

图6–43 榉木餐桌面

⑥ 柚木

柚木，又称油木、胭脂树，号称万木之王，也属于名贵木种。高等级的柚木家具表面油脂丰富，手感润滑感强；表面透出刨光面颜色是通过光合作用氧化而成金黄色光泽；墨线细腻丰富（图6–44）。

气干密度：0.58 ~ 0.67g/cm^3

产地：东南亚与我国在靠近云南边境的地方也有一些，其中以缅甸品种最佳。

颜色与纹理：心、边材区分明显，心材呈金黄色，久之变成深黄褐色略带黄绿，边材呈浅黄褐色微红；木射线细至中，径切面花纹明显；木材光泽性强，无特殊气味和滋味；油性光亮，材色均一，纹理通直，材色悦目，刨光面颜色通过光合作用氧化而成金黄色，颜色会随时间的延长而更加美丽（图6–45）。

材性：柚木是木材中变形系数最小的一种，抗弯曲性好，极耐磨；在日晒雨淋干湿变化较大的情况下不翘、不裂；耐水、耐火性强；能抗白蚁和不同海域的海虫蛀食，极耐腐；干燥性能良好，胶粘、油漆、上蜡性能好，因含硅，易钝刀，为此加工时必须戴口罩，以防止含硅的粉末进入肺部导致硅肺病，加工时切削较难；握钉力佳，综合性能良好，故为世界公认的名贵树种。

图6–44 柚木

图6–45 柚木餐边柜

⑦ 乌金木

乌金木是非洲的大斑马木，又名鞋木豆、黑檀，属于苏木科鞋木豆树种。

气干密度：0.73 ~ 0.8g/cm^3

产地：西非地区

颜色与纹理：心、边材区别明显。木材呈黄褐色至暗褐色，具有深浅相间的暗紫色条纹，边材色浅。生长轮略明显，散孔材。木材有光泽，因其板面会形成美丽的斑马状纹理，故也称为斑马木（图6-46和图6-47）。

材性：无特殊气味和滋味；质地好，重、硬，抗腐朽，不易虫蛀；纹理直或略交错，结构细而匀；干缩不大；车旋、刨光、雕刻性能良好；但含水率的变化使其容易变形和开裂。

图6-46　乌金木餐桌面

图6-47　乌金木休闲椅与休闲几

⑧ 榆木

榆木质地硬、纹理直而粗犷及豪爽、质朴天然色泽，与古人所推崇的做人理念相契合，所以从古到今榆木备受欢迎，是达官贵人、文人雅士及黎民百姓制作家具的首选。

气干密度：0.58 ~ 0.78g/cm^3

产地：主产温带，遍及北方各地，尤其黄河流域，随处可见。以俄罗斯老榆木（即紫榆）最为经典，具有纹理清晰、树大、节疤少的优点，是制作家具的名贵材质（图6-48）。

颜色与纹理：心、边材区分明显，边材窄暗黄色，心材暗紫灰色；木材刨面光滑，色泽美观大方，纹理通直，结构粗，花纹清晰，弦面花纹美丽，有“鸡翅木”的花纹（图6-49）。

图6-48　榆木扶手椅

图6-49　榆木餐桌面

材性：材幅宽大，木性坚韧，硬度与强度适中，弹性好，抗压性强，耐湿，耐腐，易烘干，不易变形，不易开裂。

（3）软木

针叶材也叫软木，绝大多数针叶材密度较小，材质较松软，不适于制作家具。家具中最常用的软木是松木，多见于儿童家具中使用。平时所说松木有广义和狭义之分。广义的松木包括松科10个属230多种松木，用于家具制作的主要是芬兰松，又名“北欧赤松”。

气干密度：约0.48g/cm^3

产地：芬兰人工林

颜色与纹理：色泽好，结构均匀，纹理细腻，时间长了会氧化，颜色会越来越深（图6–50）。

材性：在芬兰寒冷的生长环境下，芬兰松生长过程缓慢，木质潮湿平衡的问题较少，其木质年轮环间隙的紧密排列使得木材尺寸规格稳定，而且含脂量低，易于去脂加工，木材纤维纹理、木节小，比大部分软木树种强度高（图6–51）。

图6–50　芬兰松木

图6–51　芬兰松斗柜

6.2.4　实木家具结构特征

根据实木材料特性，实木家具多采用框架结构形式。实木家具的框架结构与建筑的框架结构原理相同，主要以横竖两个方向的构件通过榫卯接合构成承重的框架形式。框架结构中，竖向的旁板多采用框架嵌板（简称套框）结构，仅起到围护和分隔作用，不承重（图6–52）。采用框架结构的合理性在于框架可以由线形构件构成，之所以用线形构件是由于木材所固有的干缩湿涨性能使板状实木构件难以驾驭。但随着技术的进步与工艺的简化，现在很多实木家具的结构工艺有板式化的趋势，即很多大板面直接用实木拼板构件取代了框架嵌板结构（图6–53），有的甚至将榫卯结构改为五金件连接。

图6–52　旁板框架结构

图6–53　旁板拼板结构

6.2.5　实木家具设计遵循规律

首先需要强调的是“唯材是论”已经过时，对于家具而言，决定价值高低的不仅是材质，更有其文化性、艺术性、工艺性、实用性等众多因素。材料的珍贵程度，只是诸多因素之一。

每一种木材均有其自身的特性，设计时要理解这些特性，进行科学合理的使用。材料的特性包括其物理力学指标、表面性状、加工特性和商品材规格等。总体上，实木家具设计可遵循的规律如下：

图6–54　餐椅

（1）框架承重构件尽量采用线形构件

木材各向异性，纵向、弦向、径向的干缩也不一样，纵向干缩极小，弦向干缩最大，径向干缩约为弦向干缩的（1/3）～（1/2），因此，可能的情况下尽量采用线形构件作为框架承重构件，减少变形开裂的机会（图6–54）。

（2）大板面构件尽量采用开放性结构

木材是会“呼吸”的材质，它会根据天气变化热胀冷缩。对于必须采用横纹方向尺寸较大的构件时，尽量用于开放性部位，这样就不会因湿涨干缩而对结构带来灾难性破坏，视觉上也不容易看出。如桌面底部的泄力槽设计，预留木材自由膨胀与收缩的空间，并加固横档，防止伸缩开裂（图6–55）；如桌面的传统伸缩缝，目的是让家具“自由呼吸”，为家具保留了一定的“活动”空间，预防桌面因湿涨干缩而损坏（图6–56）。

伸缩缝的最大缺点是容易积灰，而且天气干燥的时候木材尺寸缩小了，缝变大，还会露出一截没有涂装或者涂装新旧程度不同的缝，影响美观，于是人们钻研出“无缝拼接”技术（图6–57）。原理：一是木材干燥到位；二是堵住木材“毛孔”——注蜡。因注蜡技术

图6-55 泄力槽

图6-56 伸缩缝

图6-57 无缝拼接

较复杂，对工艺要求较高，且碍于设备成本的原因，目前注蜡技术只在红木等高附加值的木制品上使用。当然，要实现“无缝拼接”，还有一些其他的注意事项，如加工精度。从开料到打磨、油漆，接缝处都要仔细处理，否则即使干燥和注蜡工艺都完美实现了，“无缝拼接”也会变成一句空话。

（3）不同纹理方向的构件交接处连接部位处理方式

不同纹理方向的构件相互连接需要注意其木材各向异性的特点，建议采用以下三种方法：

① 采用传统的45° 格肩相交，使得相交处的涨缩率基本一致（图6-58）；

② 使两个构件尽量不在同一平面上，避免接口不平整的现象，如明清家具的“齐头碰”（图6-59）；

③ 留工艺槽口，在视觉上消除或弱化可能出现的不良变化（图6-60）。

图6-58 格角榫

图6-59 齐头碰

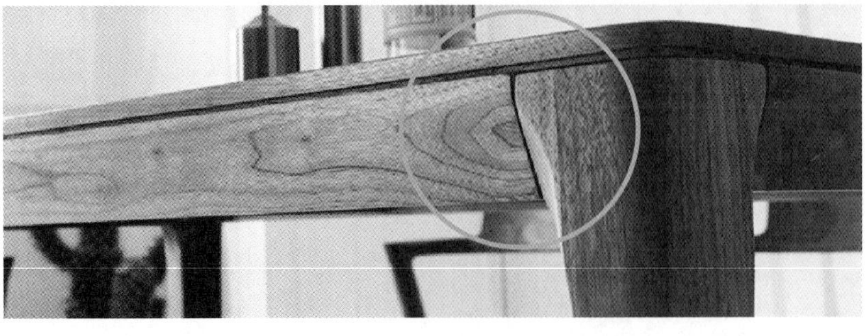

图6-60 工艺缝

6.3　板式家具设计

板式家具是以人造板为主要基材加五金件连接而成的家具。

人造板是以木材或其他非木材植物为原料，经一定机械加工分离成各种单元材料后，施加或不施加胶黏剂和其他添加剂胶合而成的板材或模压制品。主要包括胶合板、刨花板和纤维板三大类产品，其延伸产品和深加工产品达上百种（如细木工板等）。人造板的诞生标志着木材加工现代化时期的开始。

6.3.1　家具常用人造板

家具中常用的人造板有胶合板、刨花板、纤维板、细木工板等，其中板式家具中主要使用刨花板与纤维板。随着科学技术的发展，人造板技术在不断提升，同时也有各种新型板材出现。

（1）胶合板

胶合板是由木段旋切成单板或由木方刨切成薄木，再用胶黏剂胶合而成的三层或奇数多层的板状材料，并使相邻层单板的纤维方向互相垂直胶合而成（图6-61）。胶合板具有变形小、幅面大、施工方便、不翘曲、横纹抗拉力学性能好、表面可以贴面装饰等优点。

图6-61　胶合板

为了尽量改善天然木材各向异性的特性，使胶合板特性均匀、形状稳定，一般胶合板在结构上都要遵守两个基本原则：一是对称；二是相邻层单板纤维互相垂直。对称原则就是要求胶合板对称中心平面两侧的单板，无论木材性质、单板厚度、层数、纤维方向、含水率等，都应该互相对称，在同一张胶合板中，可以使用单一树种和厚度的单板，也可以使用不同树种和厚度的单板，但对称中心平面两侧任何两层互相对称的单板树种和厚度要一样。面、背板允许不是同一树种。要使胶合板的结构同时符合以上两个基本原则，它的层数就应该是奇数，所以胶合板通常都做成三层、五层、七层等奇数层数。

通常的长、宽规格是：1220mm × 2440mm，而厚度规格则一般有：3，5，9，12，15，18mm等。主要树种有：榉木、山樟、柳按、杨木、桉木等。

家具中也有用旋切单板作为芯板、刨切薄木作为表板，经涂胶、配坯、热压弯曲成曲线状的零部件，再组装成各种弯曲家具，即多层胶合弯曲家具。多层胶合弯曲家具造型曲直交替，简洁新颖，拆装灵活，运输方便，使用舒适。

日本设计师柳宗理于1954年设计的蝴蝶凳（图6-62）可谓多层胶合弯曲家具的经典之作。蝴蝶凳由两片相同的多层胶合板组成，通过一个轴心反向而对称地连接在一起，连接处在座位下用螺丝和铜棒固定，展现了东方美学与现代科技的融合。凳子的造型很像是一只蝴蝶正在扇动一对翅膀，因而取名为蝴蝶凳。在1957年米兰设计三年展上蝴蝶凳获得“金圆规奖”。

还有一款多层胶合弯曲家具经典之作就是美国设计师伊姆斯夫妇于1956年设计的伊姆斯躺椅（图6–63），多层胶合弯曲座面与靠背加上手工扪皮软包，现代工业技术和传统手工艺的完美结合。伊姆斯躺椅刚设计出来就被现代艺术博物馆MOMA永久收藏品，椅子以出色的功能和美感在2003年被列入世界最佳产品设计，在2006年的ICFF上，吸引众人眼球，光芒四射。在国内外的电影屏幕上经常出现它的影子，很多名人家里都有这款家具。

图6–62 蝴蝶凳

图6–63 伊姆斯躺椅

（2）刨花板

刨花板是将枝杈、小径木、速生木材、木屑等切削成一定规格的刨花，经过干燥，拌以胶料、硬化剂、防水剂等，在一定的温度、压力下压制成的一种人造板（图6–64）。刨花板幅面大，表面平整，隔音、隔热性能好，纵横面强度一致，表面还可进行各种贴面。但是刨花板内部为颗粒状结构，不易于铣型，握钉力较差，裁板时容易造成暴齿的现象。

图6–64 刨花板

通常的长、宽规格是：1220mm × 2440mm，而厚度规格则一般有：5，6，9，12，15，18，22，25，30mm等，其中最常用的为18mm厚。

（3）纤维板

纤维板是以木质纤维或其他植物素纤维为原料，施加脲醛树脂或其他适用的胶黏剂制成的人造板（图6–65）。按纤维板的密度可分为三种：软质纤维板（密度小于0.4g/cm^3）、中密度纤维板（或称半硬质纤维板，密度0.4 ~ 0.8g/cm^3）和硬质纤维板（密度大于0.8g/cm^3）。

家具中常用的是中密度纤维板。中密度纤维板具有材质均匀、纵横强度差小、不易开裂、表面平整、易于各种饰面等优点，但吸湿后因产生膨胀力差异而使板材翘曲变形。

通常的长、宽规格是：1220mm × 2440mm，而厚度规格则一般有：3，5，6，9，12，15，18，25mm等，其中最常用的为18mm厚。

（4）细木工板

细木工板是指在胶合板生产基础上，以木板条拼接或空心板作芯板，两面覆盖两层或多层胶合板，经胶压制成的一种特殊胶合板（图6-66）。细木工板握钉力好，强度高，具有板面平整、吸声、绝热等特点。

通常的长、宽规格是：1220mm × 2440mm，厚度规格则一般有：12，15，18，20mm四种，其中最常用的为18mm厚。

图6-65　纤维板

图6-66　细木工板

6.3.2　板式家具结构特征

人造板，尤其是板式家具中使用的刨花板与纤维板，由于在制造过程中已将天然木材的自然结构破坏，许多力学性能指标均大大降低，因而榫卯结构对人造板来说无法使用。但由于结构的变化，人造板在幅面方向的尺寸稳定性大大提高，从而为板式家具开辟了独具特色的结构形式。板式家具结构形式主要适用于承受静载荷的柜类家具（图6-67）。

图6-67　板式书柜

6.3.3　板式家具设计遵循规律

（1）遵循“32mm系统”设计

家具板件尺寸在满足功能前提下遵循“32mm系统”设计。

“32mm系统”是一种以32mm为模数，采用标准工业板材即标准钻孔模式，依据单元组合理论，通过模数化、标准化的“接口”来构筑家具的制造系统。这种结构形式以标准化零部件为基本单元，通过圆棒榫连接成固定式家具或采用各类现代五金件连接成拆装式家具。“32mm系统”需遵循以下几点规范要求。

① 以旁板为中心

“32mm系统”以旁板为中心。板式家具中，旁板是家具最主要的骨架部件，几乎所有的零部件都与旁板发生关系，如顶（面）板与旁板连接、底板安装在旁板上、搁板要搁在旁板上、背板要插或钉在旁板后侧、门铰链的一边要与旁板相连、抽屉的导轨要安装在旁板上等（图6-68）。因此，“32mm系统”中最重要的钻孔设计与加工也都集中在旁板上，旁板上的加工位置确定以后，其他部件的相对位置也就基本确定了。

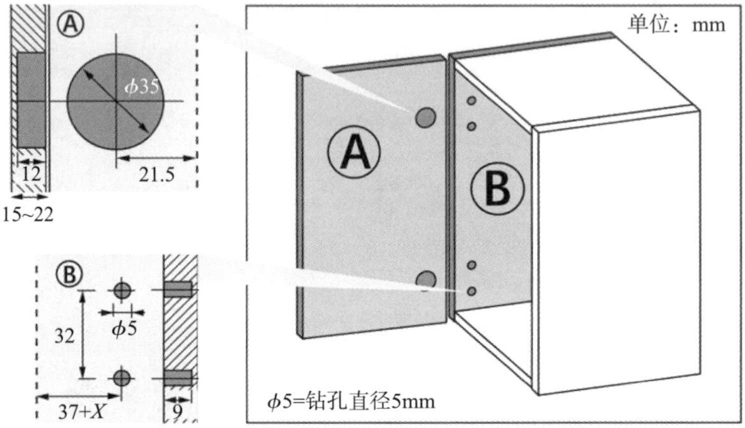

图中参数37+X为无盖/大弯的安装参数，X为柜门厚度，直弯、中弯X等于0。

（a）

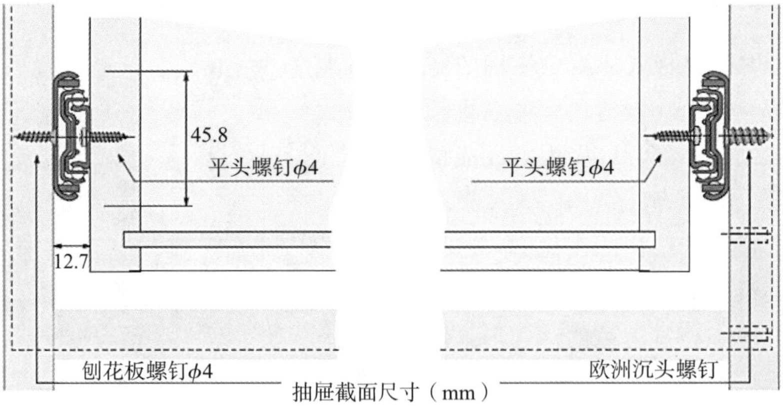

（b）

图6-68 “32mm系统”安装示意图

（a）铰链安装 （b）抽屉轨道安装

② 孔位在32mm方格网点上

“32mm系统”要求零部件上的钻孔间距为32mm的整数倍，即使其“接口”都处在32mm方格网点上（至少保证一个维度方向满足此要求），以保证实现模数化，并可用排钻一次钻出多个孔，这样可提高效率并确保孔的精度。

预钻孔根据用途的不同分为结构孔和系统孔。结构孔主要用于连接水平结构板，系统孔用于安装铰链底座、抽屉滑道和搁板等。所有旁板上的预钻孔（包括结构孔与系统孔）都应处在间距为32mm的方格网点上，结构孔设在水平坐标上，系统孔设在垂直坐标上。

通用系统孔的标准孔径为5mm，孔深为13mm。当系统孔用作结构孔时，其孔径需配合结构配件的要求，常用的孔径有5，8，10，15，25mm等，具体根据选用的五金件确定。

③ 对称原则

所谓“对称原则”就是使旁板的安装孔上下、左右对称分布。同时，处在同一水平线上的结构孔、系统孔以及同一垂直线上的系统孔之间均保持32mm的孔距关系。这样做的优点是同一系列内所有尺寸相同的旁板，可以不分上下、左右，在同一钻孔模式下完成加工，从而最大限度节省钻孔时间。但这种上下左右对称的形式仅限于单独装脚或者采用单独的脚架形式，对于很多旁板落地的柜体，则只能使用左右对称原则。

通用系统孔的轴线分别设在旁板的前后两侧，若采用盖门，则前侧轴线到旁板前边距离应为37mm（或28mm），若采用嵌门，则应为37mm（或28mm）加上门厚。根据对称原则，采用盖门的旁板宽度应为37 × 2+32N，采用嵌门的旁板宽度应为37 × 2+32N+门板厚（N根据柜体功能确定一个整数）。

（2）标准化与个性化相结合

对家具框架结构与内置件构筑标准化零部件平台，通过门板、抽面和装饰线条的形态与CMF实现风格与视觉感受，这样可以用有限的零部件数量实现无限的组合搭配，同时满足客户的多元化与个性化需求（图6-69）。

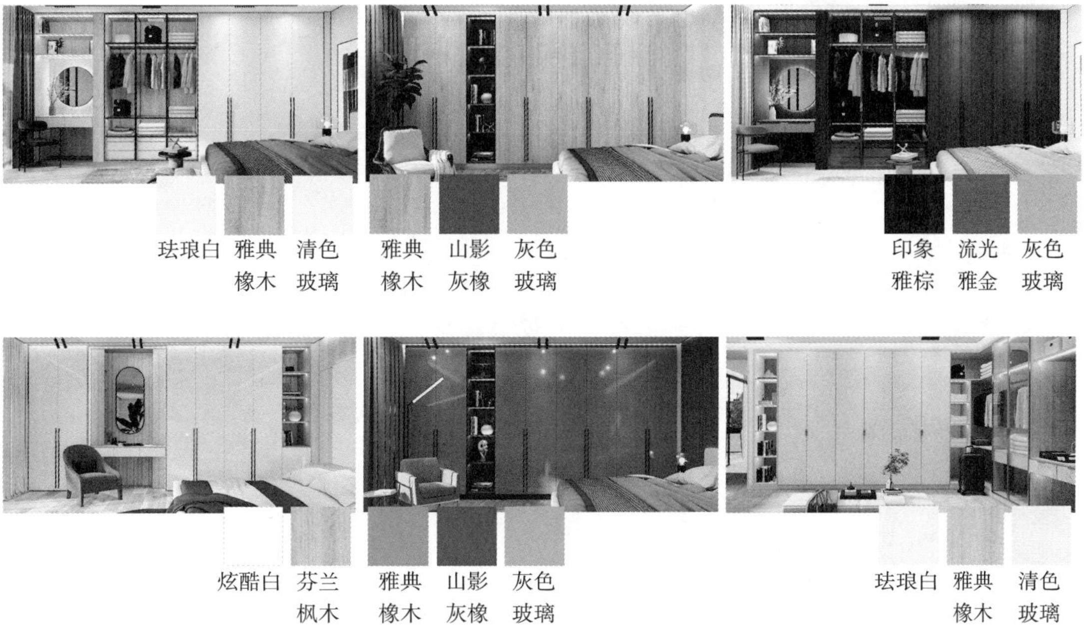

图6-69　标准化设计示例

6.4 软体家具设计

软体家具主要指以木质材料、金属等为框架，用弹簧、绷带、泡沫等作为承重材料，表面以皮、布、化纤面料等软体材料包覆制成的家具。

根据表面包覆材料的不同，软体家具主要分为布艺家具和皮质家具两大类。具体品类涉及床、沙发、软包座椅、坐凳等。随着生活条件的改善与审美的变化，有的柜门与抽屉上也有做一些软包处理。

软体家具因具有舒适、美观、环保、耐用等优点，在人们越来越重视生活品质的今天，软体家具因色彩清雅、线条简洁，在市场中所占份额越来越大，越来越受消费者青睐。

根据软体及其底衬的不同处理方式，软体家具大致分为四大类，即编织、软包、无骨架、覆面。

（1）编织结构

编织结构也称薄型软体结构，通常是指家具的软体部位用藤面、绳面、布面、皮革面、塑料编织面、棕棚面及人造革面等半软体材料（有的衬上薄层海绵）直接编织在框架上（图6–70和图6–71）或缝挂在框架上（图6–72），也有的单独编织在木框上再嵌入框架家具中。

（a）　　　　（b）

图6–70　舒雨沙发

（a）沙发　（b）皮编织

图6–71　塞斯卡椅

图6–72　西班牙椅

（2）软包结构

软包结构通常是指带有厚型软垫的软体家具，由支架蒙面（或绷带）而制成的底胎、泡沫塑料（或乳胶）与面料构成（图6–73）。

大多数软体家具均有框架作为支撑，框架有传统的木结构、钢制结构、塑料成型支架及钢木结合结构，但也有不用支架的全软体家具。木框架为传统结构，一般做成框架结构，采用明榫接合、螺钉接合、圆钉接合以及连接件接合等方式连接（图6–74）。受力大的部件需挑选木质坚硬、弹性较好的材料，且无虫眼、木节等缺陷，有缺陷的木材应安排在受力小的部位。因为有软体材料的包覆，除扶手和脚型等外露部件，其他构件的加工精度要求不高。钢框架一般采用焊接或螺钉接合，也可采用弯管成型（图6–75）。塑料框架，由于塑料的特点，可注塑、压延成型，常与软体结构一次成型。

有的软体家具为增加舒适性，在底胎部位增设弹簧（图6–76），弹簧主要分盘形弹簧、拉簧、蛇形弹簧等几种。

（a）

（b）

图6–73　软体沙发
（a）弹簧网框架+海绵座包　（b）实木框架+弹簧乳胶海绵座包

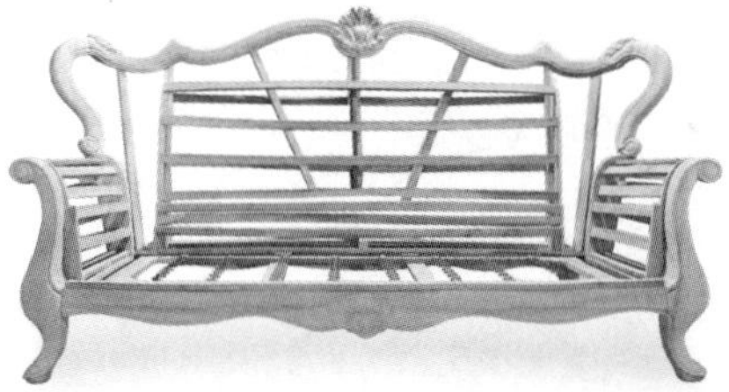

图6–74　沙发木框架

图6–75　钢支架Cab椅

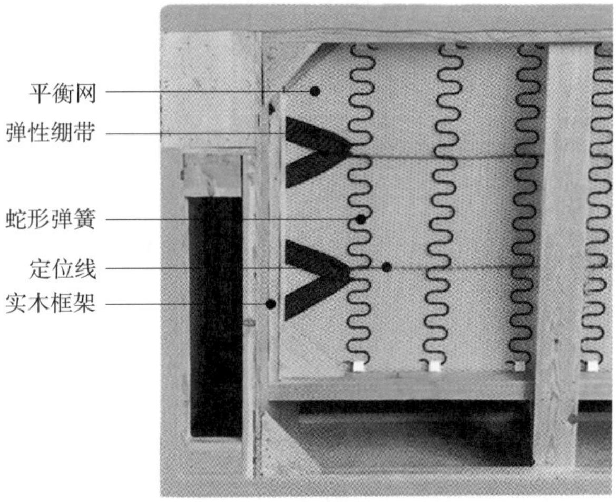

图6–76　沙发底框结构

（3）无骨架结构

无骨架软体家具是一种特殊的结构形式，内部填充聚苯乙烯塑料泡沫颗粒、高回弹海绵或充气、充水，面料为织物、皮革等软性材料。如UP50沙发（前文图5-69）、Boa沙发（图6-77）、懒人沙发豆袋（图6-78）等。

（4）覆面

覆面是将织物或皮革包覆在抽屉、柜门或其他零部件表面的一种装饰手法，视觉与触觉感受更加温馨与有质感（图6-79和图6-80）。

图6-77 Boa沙发

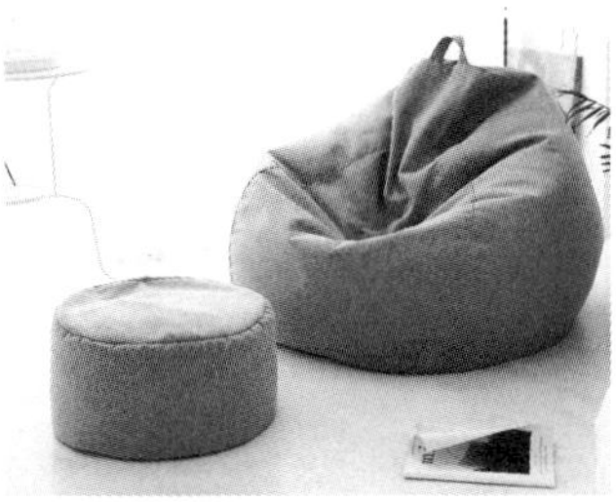

图6-78 懒人沙发豆袋

图6-79 皮革覆面抽屉

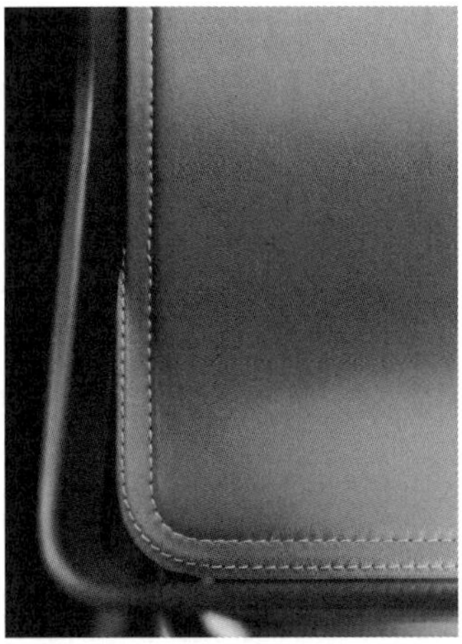

图6-80 皮革覆面层板细节

6.5 塑料家具设计

塑料是以合成树脂为主要原料，加入适量添加剂，使其在一定条件下具有流动性、可塑性，并能加工成型，当恢复正常条件时仍可保持加工时形状的一种高分子材料。

自1868年第一种塑料问世以来，塑料的发展迅猛，品种越来越丰富，已成为当今产品中利用率最高的材料，塑料家具也因其独具特色而十分受欢迎。塑料大致包括热塑性塑料与热固性塑料两大类，通用塑料有聚乙烯塑料（PE）、聚丙烯塑料（PP）、聚氯乙烯塑料（PVC）等，每种材料又有各自不同的特性。在现代家具中就有将塑料通过模型压成家具形式（图6–81），或者压成各种薄膜，作为柔软家具的覆面料（图6–82），也有将各种颜色的塑料软管在钢管上缠绕成一张软椅的（图6–83）。

图6–81　压塑成型塑料椅

图6–82　真空吸塑门板

图6–83　塑料藤椅

6.5.1　塑料的特性

（1）塑料的优点

塑料之所以发展迅速，应用广泛，主要原因在于与其他材料相比具有很多优点。

① 易成型，成本低

跟传统材料相比，塑料可塑性大，加工工艺性好，极易成型。在家具设计中，无论其设计的形态多么复杂，细节多么烦琐，基本上都可以在注塑机上一次成型，且批量生产的数量越多，单件成本越低。另外，在成型加工中，可通过对工艺过程中的废料回收利用，几乎可实现100%的利用率，因而降低了加工成型的成本。

② 质量轻，强度高

塑料的密度比天然材料低很多，普通塑料的密度为0.9 ~ 2.3g/cm^3，只有钢铁的（1/8）~（1/4）、铝的1/2左右，而泡沫塑料的密度更低，为0.01 ~ 0.5g/cm^3。但塑料的强度却很高，有些增强塑料的强度接近甚至超过钢材，玻璃纤维增强塑料的拉伸强度可达170 ~ 400MPa，这也是塑料被大量应用的原因之一。

③ 着色性好

几乎所有的塑料制品和成型工艺在很大范围内都可实现产品的整体着色，工程塑料还可以注塑出各种形式的纹理，这样不仅可以降低基本的生产成本，而且可以使制品表面呈现各种各样的颜色，或者可仿制出其他材料的质地美，从而提高产品的美观性（图6–84）。

图6–84　塑料吧凳

④ 绝缘性好

几乎所有的塑料都具有优异的电绝缘性，其性能可与陶瓷媲美，因此电器类产品中的绝缘层（如插座、插头、电线等）以及电器壳体等都是由塑料制成的。

⑤ 耐磨性好

大多数塑料均具有良好的减磨、耐磨和自润滑特性，可以在无润滑条件下有效工作。

⑥ 耐腐蚀性好

塑料具有抗酸碱腐蚀的能力，保护其他材料用的大多数漆料主要就是由塑料（树脂）制成的。

⑦ 柔韧性好

有些塑料柔韧而富有弹性，受到外部机械冲击和振动时，可将机械能转换为电能，不仅可以延长产品的整体寿命，而且还可以避免产品在运输过程中因遭遇意外碰撞而损坏。

⑧ 透光性好

多数塑料具有透明或半透明性质，富有光泽。

（2）塑料的缺点

① 耐热性差

塑料的耐热性较差，普通塑料仅能在100℃以下使用，少数可在200℃左右使用，在300℃左右就开始变形。有些塑料在燃烧时还会释放出有毒气体，对环境的污染很大，这也使塑料的用途受到很大限制。

② 易变形

塑料的膨胀系数大，温度变化时尺寸的稳定性差，成型收缩较大，即使在常温负荷下也容易变形。在载荷作用下，塑料会产生蠕变现象。有些塑料易溶于溶剂，因而会发生尺寸变化。

③ 易产生静电

塑料制品有摩擦带电现象，容易吸附尘埃，特别是在干燥的秋冬季节。

④ 有“老化”现象

塑料在大气、光、热、辐射、溶剂和微生物等长期的压力或侵蚀下会发生老化，导致塑料的色泽改变、化学结构遭到破坏、力学性能降低、变得脆硬或黏软等。

塑料的这些缺点或多或少影响或限制了它的应用。但是随着塑料工业的发展和塑料材料研究工作的深入，这些缺点正逐渐被克服，性能优异的新型塑料和各种塑料复合材料（如塑木等）正不断涌现。

6.5.2 塑料的主要成型方法

塑料成型是将不同形态的塑料原料按不同方式制成所需形状的坯件，是塑料制品生产的关键环节。随着塑料产品需求量的增加与使用领域的不断扩大，同时也为了满足塑料产品的外观、形状、性能等各种使用目的要求，人们已经研发出众多的塑料成型加工技术来满足生产各种不同塑料产品的需要。

选择成型方法的重要依据是产品的外观、形状、尺寸精度、成本、生产批量等要求，除此以外，还需考虑交货期限、使用材料、预算经费、模具制作所需时间等因素，只有综合考虑这些问题之后，才能确定成型方法。常用的成型方法有以下几种：

（1）注塑成型

注塑成型是一种通过将材料注射到模具中制造零件的制造方法（图6–85）。加工塑料的主要方法是注塑成型。在这个过程中，塑料被放置到料斗，然后料斗将塑料加热注入，它是通过一个长的腔室与一个往复螺杆推压。之后，它被软化成流体状态。喷嘴位于腔室的末端，流体塑料通过喷嘴强制冷却，闭合模具。当塑料冷却并固化时，半成品从压机中退出。

注塑成型的优点：产品性能高，成型周期短；适应性强，生产效率高，能一次成型外形复杂、尺寸精确以及带有嵌件的制品，而且可实现自动化或半自动化作业；原材料损耗小，操作方便，成型的同时容易着色。

注塑成型的不足之处：用于注塑成型的模具价格是所有成型方法中最高的，所以小批量生产时经济性差，一般注塑成型的最低生产批量为5万件左右。

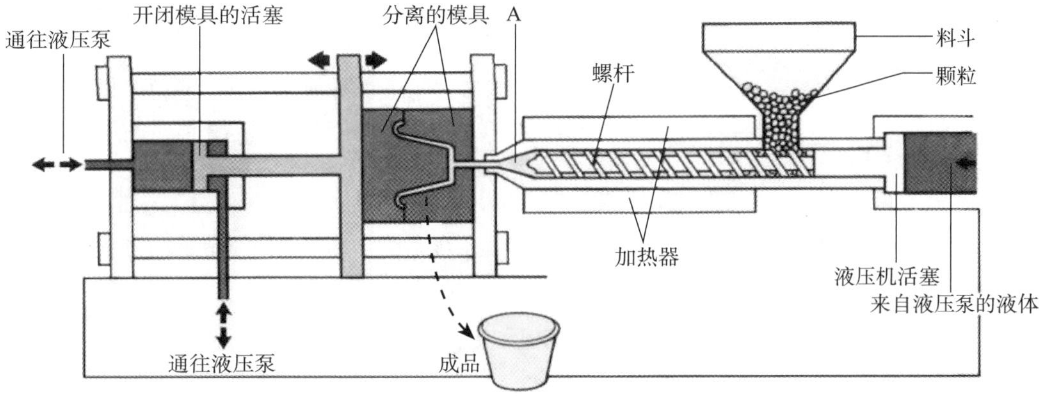

图6–85　注塑成型

（2）压塑成型

压塑成型是先将粉状、粒状或纤维状的塑料放入成型温度下的模具型腔中，然后闭模加压而使其成型并固化的工艺方法（图6–86）。压塑成型和注塑成型原理相似，是常用的一种成型方法，家用电器、汽车保险杠和挡泥板、家具等塑料制品，都采用此成型方法（图6–81，图6–87至图6–89）。

（3）挤出成型

挤出成型是在挤出机中通过加热、加压而使物料以流动状态连续通过挤出模成型的方法（图6–90）。挤出成型有点像挤牙膏的方法，主要应用于门窗框等建筑用材、家具零部件。

（4）吹塑成型

吹塑成型是将挤塑机挤出的熔热塑性塑料树脂坯料夹入摸具，然后向坯料内吹入空气，在空气压力作用下，熔融的坯料膨胀与磨具结合，冷却后开模取出，形成定型产品的

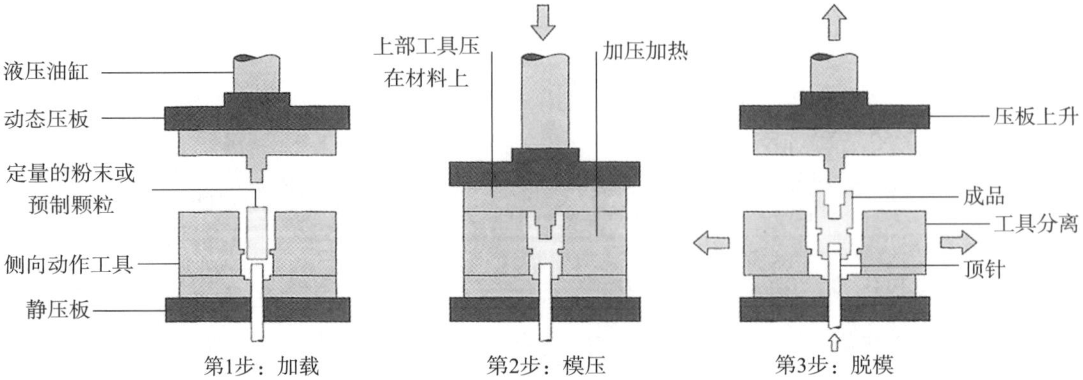

图6-86 压塑成型

图6-87 潘顿椅

图6-88 小猪凳

图6-89 塑料叠放凳

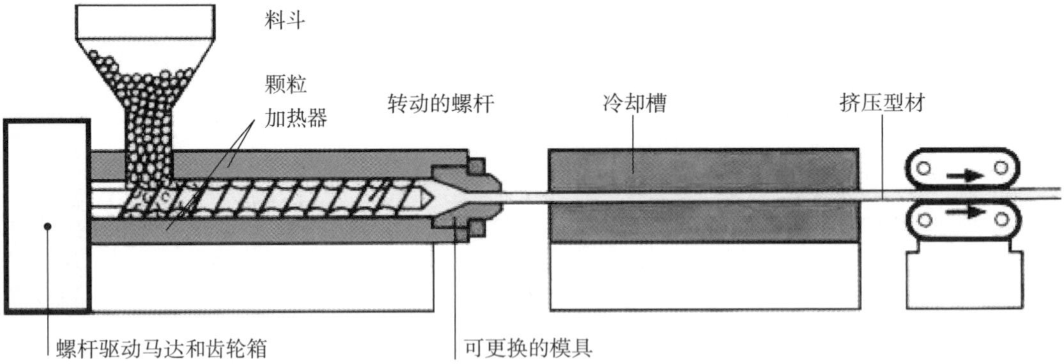

图6-90 挤出成型

方法（图6-91）。吹塑成型主要应用于生产瓶状的中空薄壁产品（图6-92）。

（5）发泡成型

发泡成型也叫蒸汽成型，是先将塑料粒发泡，经过一定时间的熟成后，将其填入铝合金制作的模具中使用蒸汽加热而成型的方法（图6-93）。发泡成型主要应用于生产水杯、冰激淋盒、家具用夹心材料、建筑用隔热材料等。

（6）真空吸塑

真空吸塑是将热塑性塑料片置于模具中压紧，借助加热器将塑料片加热，使之软化，然后将模具型腔抽取真空，借助大气的压力将软化的塑料片压入模内并使之紧贴模具，冷却后得到所需塑料制品（图6–94）。真空吸塑主要应用于包装行业，家具中主要用于柜门、抽屉表面的装饰处理（前文图6–82）。

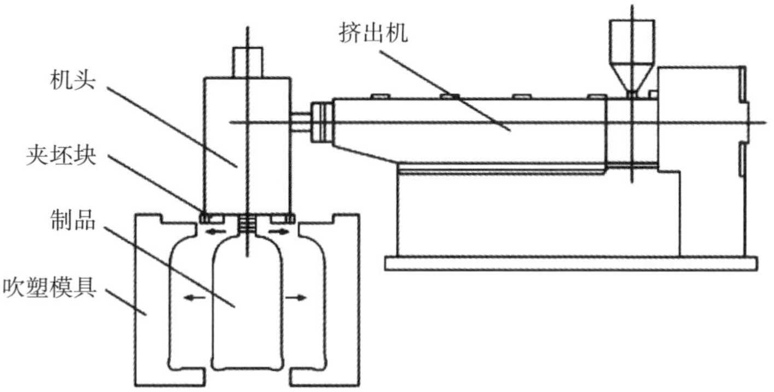

图6–91　吹塑成型

图6–92　小狗椅

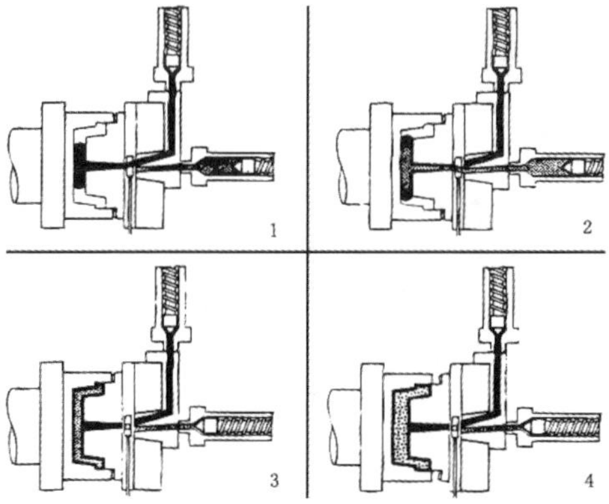

图6–93　发泡成型

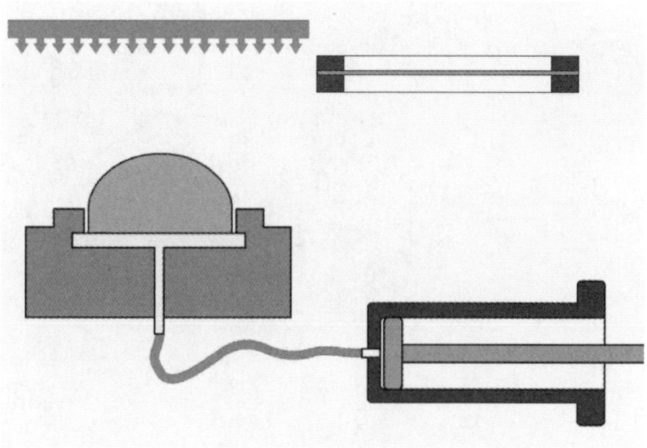

图6–94　真空吸塑

6.5.3　塑料家具设计遵循规律

虽然塑料成型方法相对比较复杂，但设计时可以通过遵循一些基本的原理方法，减少成型上及产品功能上所产生的问题。

（1）形状

塑料制品的性质应易于成型，即在开模取出塑件时尽量避免采用复杂的分型与侧面抽芯。因此，塑料制品的内外表面形状要尽可能地避免出现侧凹部分，否则会使模具结构复杂、制造周期长，同时还会在塑件上留下毛边，增加塑件的整修工作量，影响塑件的外观（图6–95和图6–96）。

（2）壁厚

塑料产品的壁厚不仅与产品的强度和刚性有关，还与产品质量、大小、尺寸稳定性、成本等有关。壁厚太厚，浪费材料，增加成本，同时在模内延长冷却或固化时间，容易产生凹陷、缩孔、夹心等质量缺陷；壁厚太薄，熔融塑料在模腔内的流动阻力大，造成制件成型困难。塑料制件壁厚应尽量均匀，壁与壁连接处的厚度不应相差太大，并且应尽量用圆弧连接，否则在连接处会由于冷却收缩的不均产生内应力，从而使塑件开裂（图6–97）。

各种原料有不同的厚度要求，一般的原则是尽量利用最小的壁厚来完成最终产品所必须具备的功能。

（3）脱模斜度

由于塑料冷却时的收缩，其会紧包在模具型芯或凸模上，为使塑件顺利脱模并防止脱模时被擦伤或擦毛，塑件的内外表面沿脱模方向应具有合理的斜度，称为脱模斜度。脱模斜度与塑料的品种、制件的性质及模具的结构等有关，一般情况下脱模斜度可取0.5°～1.5°，最小为15'～20'（图6–98）。

图6–95 茶几

图6–96 吧凳

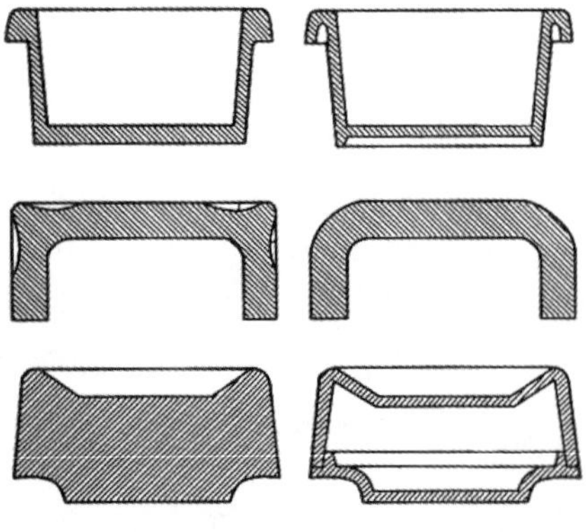

图6–97 壁厚均匀化

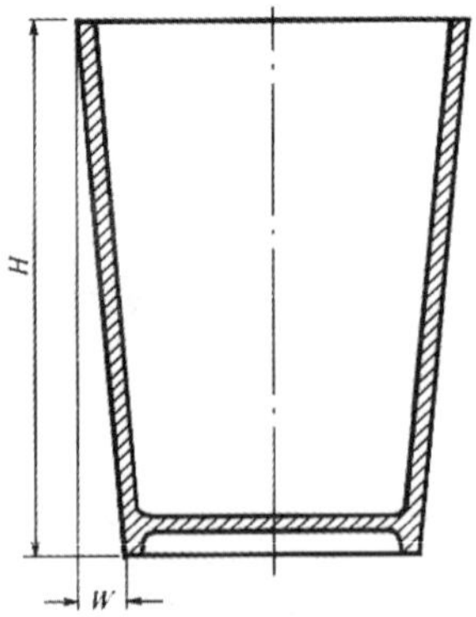

图6–98 脱模斜度

（4）圆角

在设计塑料产品时，为避免应力集中，提高塑料制件的强度，便于充填与脱模，避免壁转折处产生凹陷等，不能将产品设计成尖锐的边角，通常在产品的棱边、棱角、加强筋、支撑底、底面、平面等处设计成圆角（图6–99）。通常圆角大一些较好，图中所示为最小圆角限制，内圆角$r=\frac{t}{2}$，外圆角$R=\frac{3t}{2}$，t为壁厚。

圆角有利于树脂的流动，防止乱流，可减小成型时的压力损失，因此在产品的拐角处设计圆角，可有效提高产品的成型性；在塑料产品的各个部位尤其是棱角、棱边和拐角处设计圆角，可以避免应力集中于某个角或某条边，从而增强产品的强度；在产品的内外角处设计圆角，可缓和产品的内部应力，防止产品向内外弯曲变形；同时，圆角的设计还可以使塑料制品外观圆润流畅，表面过渡自然，提高产品的美观性。

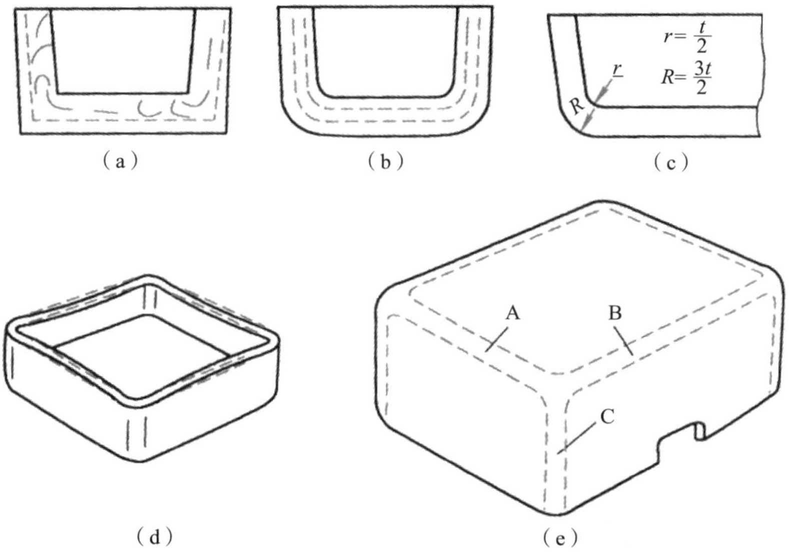

图6–99　圆角设计

（a）没有圆角的乱流　（b）有圆角时的顺畅流动　（c）理想的圆角
（d）成型品的内缩现象　（e）三条棱线之间角的处理规则

（5）加强筋

有些塑料制品较大，由于壁厚的限制达不到强度要求，所以必须在制品的反面设置加强筋，可增加强度，防止翘曲变形（前文图6–87）。

设计加强筋时应注意：筋厚不能大于壁厚，筋的形状采用圆弧过渡，避免外力作用时产生应力集中；加强筋不应设置在大面积制品的中央部位，当设置较多加强筋时，应错开分布排列；加强筋的布置方向除与受力方向一致外，最好还与熔料填充方向一致，还应与模压方向或模具成型零件的运动方向一致，以便容易脱模。

（6）分模线

通常一个塑料件需要分成几个部分成型，各个部分拼在一起组成一个密闭空间，那么各个部分之间的线就是分模线（Parting Line），简称PL（图6–100）。

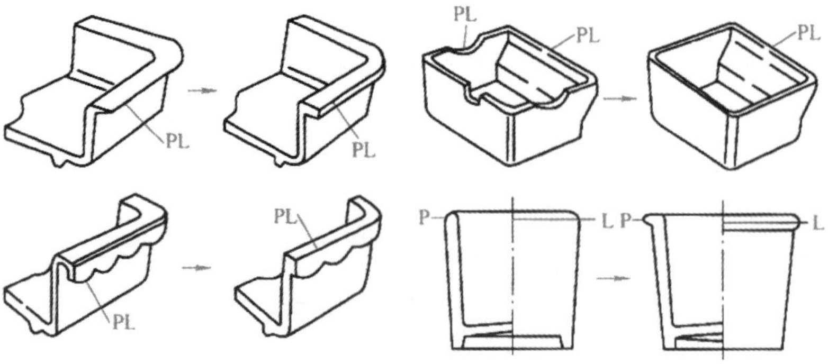

图6-100　分模线（PL）

设计分模线时应注意：尽量设计在不显眼的位置，以便隐藏产品表面分模线的痕迹；尽量设计在最外侧的棱边上，以便清除飞边；尽量使其形状简洁，以便提高模具闭合时的配合精度。

（7）支承面

用塑料的整个底面做支承面是不合理的，因为实际生产中制造一个相当平整的表面是不太容易实现的，加上地面本身一般也会有微小的高低差，这样会使底座不平，产生摇晃。建议设计成凸出的底角（三点或四点）或凸边来支承。

6.6　金属家具设计

金属家具是以金属管材（图6–101）、板材（图6–102）或棍材（图6–103）等作为主框架，配以木材、各类人造板、玻璃、石材等制造的家具和完全由金属材料制作的家具。根据所用材料，可分为全金属家具（如文件柜、钢丝床等）、钢木家具（金属与木结合）、金属与非金属材料（竹藤、塑料、玻璃、石材等）结合的家具。

图6–101　瓦西里椅

图6–102　文件柜

图6–103　钻石椅

金属是一种具有光泽（即对可见光强烈反射）、富有延展性、容易导电和导热的物质。地球上的绝大多数金属元素是以化合态存在于自然界中的。这是因为多数金属的化学性质比较活泼，只有极少数的金属（如金、银等）以游离态存在。金属在自然界中广泛存在，在生活中应用极为普遍，是现代工业中非常重要和应用最多的一类物质。

6.6.1　金属的特性

（1）金属的优点

金属的导热、导电性能良好，能很好地反射光和传导热。金属硬度大、耐磨性好，因而可以用于薄壳构造。很多金属可以铸造，富于延展性，因此可以进行各种加工。金属制品易于保持表面的清洁，还能和其他材料很好配合，发挥各自材料特性。

（2）金属的缺点

金属的密度比很多材料的密度大，有的金属易生锈。由于金属是电和热的良好导体，因此绝缘性方面则较差。虽然具有特有的金属色，但缺乏色彩。此外，各种加工所需的设备和费用比塑料与木材花费更高。

6.6.2　金属的主要成型方法

了解金属材料的成型工艺，是使家具设计师的设计得以快速并可靠实现的一种重要途径。金属的主要成型方法包括铸造、塑性加工、焊接和切削加工等。

（1）铸造加工

铸造加工是将通过熔炼的金属液体浇注入铸型内，经冷却凝固获得所需形状和性能的零件的工艺方法。铸造是常用的制造方法，制造成本低，工艺灵活性大，可以获得形状复杂和大型的铸件。

铸造工艺可分为砂型铸造工艺和特种铸造工艺。砂型铸造应用最为普遍，有90%左右的铸件都是使用砂型铸造方法进行生产的。除砂型铸造以外的其他铸造方法统称为特种铸造。常用的特种铸造方法有：熔模铸造、金属型铸造、压力铸造、低压铸造、离心铸造、陶瓷型铸造、连续铸造等。

（2）塑性加工

塑性加工是使金属在外力（通常是压力）作用下产生塑性变形，获得所需形状、尺寸和机械性能的毛坯或零件的一种加工方法。金属塑性加工的种类很多，根据加工时工件的受力和变形方式，基本的塑性加工方法有锻造、轧制、挤压、拉拔、冲压、拉伸、弯曲等几类。有些金属家具可能采用多种加工工艺组合加工而成。

① 锻造

锻造是指靠锻压机的锻锤捶击工件产生压缩变形的一种加工方法。有自由锻和模锻两种方式。自由锻不需专用模具，靠平锤和平砧间工件的压缩变形，使工件镦粗或拔长。这种方法加工精度低，生产率也不高，主要用于轴类、曲柄和连杆等单件的小批量生产。模锻通过上下锻模模腔拉制工作的变形，可加工形状复杂和尺寸精度较高的零件，适于大批量的生产，生产率也较高，是机械零件制造上实现少切削或无切削加工的重要途径。

② 轧制

轧制是指使通过两个或两个以上旋转轧辊间的轧件产生压缩变形，使其横断面面积减小与形状改变，而纵向长度增加的一种加工方法。根据轧辊与轧件的运动关系，轧制有纵轧、横轧和斜轧三种方式。

③ 挤压

挤压是指使装入挤压筒内的坯料在挤压筒后端挤压轴的推力作用下，使金属从挤压筒前端的模孔流出，而获得与挤压模孔形状、尺寸相同的产品的一种加工方法。挤压有正挤压和反挤压两种基本方式。正挤压时，挤压轴的运动方向与从模孔中挤出的金属流动方向一致；反挤压时，挤压轴的运动方向与从模孔中挤出的金属流动方向相反。挤压法可加工各种复杂断面实心型材、棒材、空心型材和管材，是有色金属型材、管材的主要生产方法。

④ 拉拔

拉拔是指靠拉拔机的钳口夹住穿过拉拔模孔的金属坯料，从模孔中拉出，而获得与模孔形状、尺寸相同的产品的一种加工方法。拉拔一般在冷态下进行，可拉拔断面尺寸很小的线材和管材，如直径为0.015mm的金属线，直径为0.25mm的管材。拉拔制品的尺寸精度高，表面光洁度极高，金属的强度高（因冷加工硬化强烈）。可生产各种断面的线材、管材和型材，广泛用于电线、电缆、金属网线和各种管材生产。

⑤ 拉伸

拉伸又叫冲压，依靠冲头将金属板料顶入凹模中产生拉延变形，而获得各种杯形件、筒形件和壳体的一种加工方法。冲压一般在室温下进行，其产品主要用于各种壳体零件，如飞机蒙皮、汽车覆盖件、子弹壳、仪表零件及日用器皿等。

⑥ 弯曲

弯曲是指在弯矩作用下，使板料发生弯曲变形或使板料或管、棒材得到矫直的一种加工方法。

⑦ 剪切

坯料在剪切力的作用下产生剪切，使板材冲裁以及板料和型材切断的一种常用加工方法。

6.6.3 金属家具设计遵循规律

金属也是家具设计中应用较为广泛的一种材料，设计时主要可从其材性出发，从以下几个方面进行考量。

（1）坚硬耐磨

多数金属本身比较坚硬耐磨，给人可靠而持久的心理感知，所以主要用于家具的框架构件，与人体接触部位用木质或软体等，不仅形成质感的对比，更是起到一种衬托作用（图6-104）。

(2)金属之色

在色彩设计中，金属色被称为极色，不同于光色和颜色。金属之色是金属化学组成的质地反映出的特性之一。金属之色因金属种类、表面再处理不同而有差异。金属之色在家具中的运用常经过不同的表面处理与表现肌理而变得富于表情与性格。在视觉设计上充分利用金属色固有的“表情”与“性格”，以此有效地表达视觉效果（图6-105和图1-106）。

图6-104 卧室家具

图6-105 靠墙桌

图6-106 Lego茶几

6.7 家具材质美设计策略

家具产品最终必须以一定的物质形态被制造处理，制造材料及制造工艺是家具设计师不可回避的重要问题。材质美是构成家具美感的一个重要组成内容，对家具材质的设计概括起来无外乎如何运用材质的物理性能给人提供生理快感及心理美感。其物理性能包括固有色、软硬度、光泽度、热导率、相对密度、弹性、熔点、折射率、热膨胀率、热变形临界温度、吸水率、绝缘性等。材质美的重要内容是质感，它在家具设计中可以被创造与应用，需要材料工程师、结构工程师、造型设计师等协同工作。对于家具造型设计师而言，视觉质感及触摸质感是质感设计的主要内容，巧妙利用各种材料的肌理进行搭配、材质搭配与材料物理属性搭配，必将实现材质美感的创造。

家具设计在视觉方面整合应用不同的材料质感取决于材质质感的属性因素，如材质“性格”、材质“表情”、材质光泽、材质肌理、材质色泽等。如钢木结合家具产品在视觉上将钢的“硬、强、冷”与木质的“柔、和、暖”结合在一起，将工业感和自然感结合在一起，亮光与亚光的结合，暖色与极色（黑、白、灰）的结合，从而创造出现代与传统的结合、华丽与朴素的结合、人工美与自然美的结合（图6–107和图6–108）。

家具设计在触觉方面整合应用不同的材料质感取决于材料物理属性及表面肌理的触觉：轻与重属性、软与硬的对比属性、温暖感的传导属性、强度属性（易碎、易变形、易磨损等性质）、表面粗糙度属性等都将直接影响触觉的快感、舒适性和宜人性（图6–109至图6–112）。

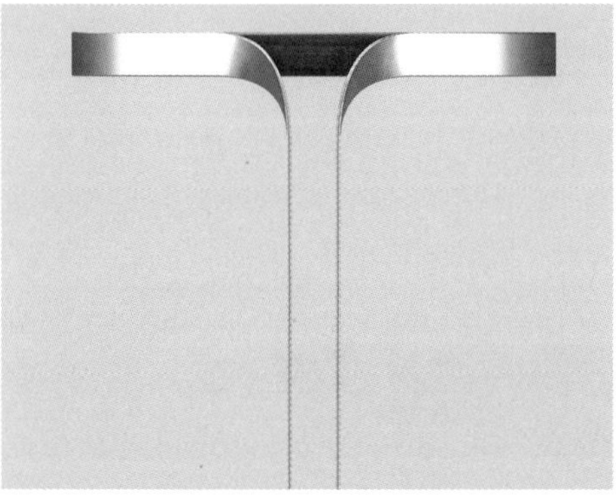
图6–107　心象素休闲几

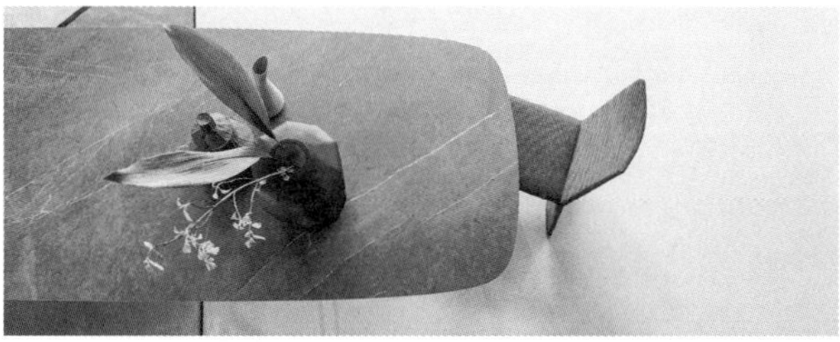
图6–109　材质肌理表现（1）

图6–110　材质肌理表现（2）

图6–108　材质对比

图6–111　材质肌理表现（3）

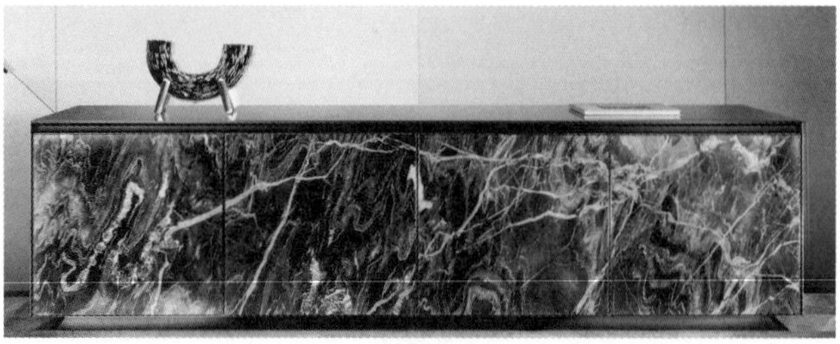
图6–112　材质肌理表现（4）

本章小结

产品功能的实现是通过材料来体现的，材料与结构是满足产品的必要条件。通常在材料与结构之间存在着比较确定的关系，而同时在结构与功能之间又是一种不确定的关系，从而材料与功能之间也具有不确定的关系。也就是说，为了实现同一功能，可以使用多种材料，而每一种材料都可以形成合理结构来完成所要达到的功能，进而实现产品相应的造型形式。如木质椅与钢管椅，虽然它们的材料、结构和造型不同，但它们却实现相同的功能。

与设计的其他方面相比，材料的选择是最基本的，它提供了设计的起点。家具设计的过程从某个角度来说是对材料的理解与认识的过程。材料选择的好坏，直接影响到产品的内在和外观质量。设计师应该将材料功能性、工艺性、性价比、环保性、美学性等与产品特性结合考虑，使材料性能得以最优发挥，这也是设计选材的重要因素。

作业与思考题

（1）收集不同材料设计成的同一家具品类（如椅子、床、沙发等）案例，分析比较材料对产品的功能、形态的影响。

（2）寻找一种特色材料，研究其特性与成型工艺，探索其在家具设计中新的应用方法。

（3）查找常用木材图片资料，并按其气干密度大小做成直观形象的图片素材。

（4）请列举各种材料设计制作的典型案例，并说明其特色之处。

第7章　家具造型美设计

造型：产品外观的最直接表达。

产品的外观犹如产品的外貌与形体，能给消费者第一视觉印象，是吸引消费者最直观的因素，直接影响产品在消费者心目中的印象。产品的外观要通过产品造型得以体现，包括形态、色彩、材质、肌理等要素。产品的造型与形态都会对应人的审美感官系统，最终呈现出特殊性质，体现出人对形态的认知。如消费者通过触觉、视觉、听觉、嗅觉等感官系统，接收产品造型信息，感受产品造型本身所呈现出来的感觉特征，如硬朗、精细、优雅、成熟、动感、自然等特征，所以说造型是产品外观的最直接表达方式。

家具造型就是以家具为设计对象，在满足工艺要求的前提下，创造出实用、美观、经济的产品。除了保证其功能外，还要考虑家具与人相关的各个方面，也就是人的因素。要使家具能适应和满足人的生理、心理需求。因此，从现代设计的观点来看，家具造型必须满足人们的实用要求与审美要求，即要同时具备物质功能与精神功能。家具造型由功能要素（包括人机要素）、结构要素、材料要素、形态要素、色彩要素组成。前面三个要素在本教材前面章节中均有详细阐述，这里就不再赘述。

7.1　家具形态构成要素

形态不仅指物体外形、样貌，还包括物体的结构形式。宇宙万物虽然千变万化，但其外形都可以归纳成点、线、面、体等基本要素。自然形态与人工形态同样复杂多样，形态与造型设计要从自然形态中抽取出纯粹的、基本的、原始的形态。构成主义认为凡是自然复杂的形体都可以归结为立方体、球体、柱体、锥体等几何形体以及形体之间的组合。这些基本的体块通过组合、变形构成复杂而生动的新形态。换个说法，就是我们生活中的常见物品，尽管外形多样，但都可以归纳为简单的几何形体（图7–1和图7–2）。因此，我们要通过对形体进行学习与认知，将复杂的形体予以简洁化、秩序化、规律化与单纯化。

立体形体多种多样，造型与样式虽然千变万化，但都可以归纳为基本的点、线、面、体、空间的要素，因此点、线、面、体、空间是立体形态构成的基本要素。它们之间的关系是连续的、循环的，不能简单按几何尺度进行划分。点是立体形态中最基本的单位，将点向一定方向延续下去，就会形成线；将线横向或纵向排列，就会形成面；将面阵列就会形成体；体与体的组合又可形成空间的概念。

同时，每一个元素都是相对而言的。如将黑板与粉笔放在一起比较，粉笔就成了点，当粉笔与比其体积更小的物体（如粉笔灰）相比，粉笔就成了体；再如，当我们仰望星空欣赏璀璨的星河，其实每颗星体都是巨大的球体，但其相对于浩瀚的宇宙，进入我们的视野中，星球就成为渺小的点。所以说点、线、面、体都是相对而言的，并且可以相互转换。

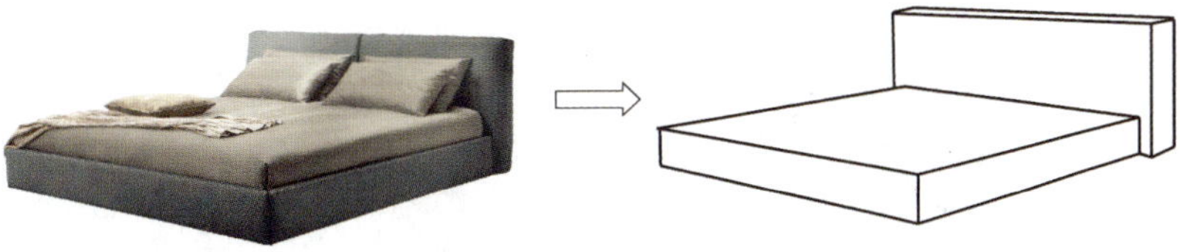

图7-1　床的形体简化

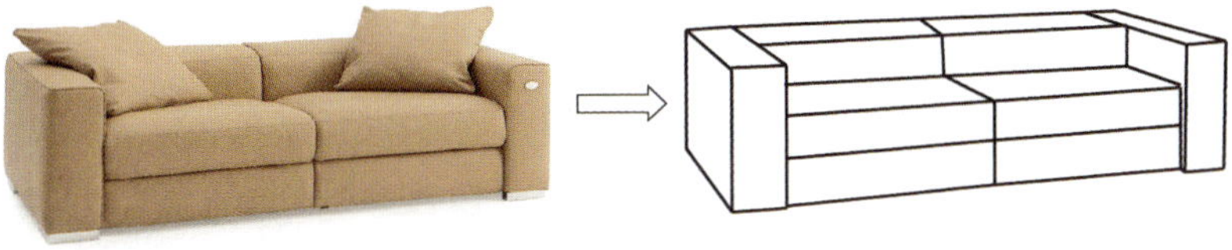

图7-2　沙发的形体简化

7.1.1　点

在几何学中，点是纯粹的抽象概念，无长度、宽度及深度，更不具备大小、性质与方向的概念。而在立体形态中，点是具有空间位置的视觉单位，它具有形状、大小、色彩、肌理，是实实在在的实体，能使人看得到并可以触摸到的。在设计形态学中，点一般是以圆点的形体出现，但也可以以其他形态出现。

点是形态构成中最小的单位，更是立体形态设计的基础元素。点的排列可以产生线感，点的堆积可以形成体积感，点的移动可以产生动感，所以运用好点元素可以全面地构造立体形态。

点元素具有极强的聚焦作用，形成视觉焦点。当只有一个点的时候，视线集中汇集在这个点上，形成焦点，明显引起人的注意。当有两个相同的点时，视线会在两点之间反复运动。当有两个大小不同的点时，人们首先会被大点吸引，然后再将视线转移到小点上。人们的视线习惯通常具有由大到小、由左到右、由上到下、由远到近的特征。所以，在形态设计中需要强调某个位置时，可以充分利用点元素。挪威设计师彼得·奥普斯韦克（Peter Opsvik，1933—）于2012年设计的球体花园椅（Globe Garden）创造性地利用了“点（球体）”的概念，让空间充满活力，也使家具具有较强的视觉冲击力与感染力（图7-3）。

（a）　（b）

图7-3　花园椅

（a）座椅　（b）设计师与座椅

正因为点具有较强的聚焦作用，通过点元素的排列，还可以形成丰富的装饰效果。美国设计师乔治·尼尔森（George Nelson，1908—1986年）于1956年创造设

（a）

（b）

图7-4 棉花糖沙发

（a）沙发 （b）长沙发

计的棉花糖沙发（Marshmallow Sofa）利用点元素，大小相同，对色彩进行变换，并有序排列，简洁醒目，富有趣味。椅子由多个圆形软垫固定在沙发框架上构成，软垫可以拆卸，方便清洁与更换（图7-4）。英国设计师洛斯·拉古路夫（Ross Lovegrove，1958—）于2005年为意大利Moroso公司设计的超自然椅（Supernatural Chair，图7-5）靠背部位采用多个点的镂空处理，增加了椅子的视觉感染力。当阳光照射过这些孔洞时，光影效果增强了环境的空间美感。

图7-5 超自然椅

7.1.2 线

线在几何学上的定义是点移动的轨迹，只具有位置与长度，不具有宽度与厚度。而在立体形态中，线是具有长度、宽度及深度三维空间的实体。线不仅具有粗细长短变化，它还具有软与硬、刚与柔、粗与细、急与缓等特性与区别。

线以长度的表现为主要特征，若一个实体与其他视觉要素相比较，仍能显示出绝对的长度，则该实体就会呈现出视觉上的线感。一个点是自然精致的，而一条线却能够在视觉上表现出连续性和运动感。

在设计实践中，线要素必须具有一定粗细程度的形体才能被感知，而一组保持一定间距的点，同样可以显示出一条线的存在。

线包含很多种类，整体分为直线与曲线两大类。直线又包含垂直线、水平线、斜线、折线等；曲线又包含曲线、波浪线等。在立体造型中，线具有很重要的功能。线除了提供方向性的暗示以外，还意味着不同元素之间所具有的联系。线所处的不同状态，在形态构成中起到完全不同的作用。

直线特征为平稳、简洁、坚硬、果断、直接、具有秩序感。粗直线具有阳刚之气，体现力度感；细直线柔和、精致、细密。水平线作为基础线，平稳缓和，体现规律与秩序感，给人以安稳的视觉感受。垂直线具有庄严、稳重、刚直的感觉。斜线具有动感，能产生不稳定的视觉效果，是制造进展性与冲突感的有效手段。折线具有起伏效果，具有动感、连续、角度，体现力度。

曲线的特征为圆滑、柔和，具有连续的动态美。曲线又包含几何曲线、自由曲线、波浪线等。几何曲线带有数学特性，具有一种秩序美感。自由曲线随意、灵活，具有动感。波浪线体现一种动感，有如海浪一般的视觉效果。

线在家具造型设计中一般表现为轮廓线、结构线、工艺线、装饰线等。丹麦设计师阿诺·雅各布森（Arne Jacobsen，1902—1971年）于1955年为Knoll公司设计的蚂蚁椅，因其形状酷似蚂蚁而得名。多层胶合板被生动地裁剪成小蚂蚁的身体形态，在尾巴部位弯曲，便成了椅子的座面与靠背。纤细的镀铬钢管构成椅腿，稳固地支撑起轻巧的身躯（图7-6）。另一位丹麦设计师汉斯·瓦格纳（Hans Wegner，1914—2007年）于1947年设计的孔雀椅（Peacock Chair，图7-7）椅背由多条木杆组成，形似孔雀，因而得名。整体造型完全利用曲线与直线的结合，极具美感，并体现一种视觉张力。这件作品不仅是具象形态提炼成抽象形态的典范，更是线形式被完美表达与应用的经典案例。

图7-6　蚂蚁椅

图7-7　孔雀椅

家具用的主要线材有毛线、尼龙线、藤条、金属条、木条等。尽管同样是线材，但表面效果、构成方式、表面质感不同对造型效果有很大的影响。巴西设计师坎帕纳兄弟［费纳多·坎帕纳（Fernando Campana）和阿贝托·坎帕纳（Humberto Campana）］于1993年设计的红椅（Vermelha Chair，前文图1-6）将500m的红棉绳反复缠绕在三条腿的铝质金属支架上，成为其成名之作。以色列裔英国设计师罗恩·阿拉德（Ron Arad，1951—）于2005年为意大利Moroso公司设计的可以叠放的波纹椅（Ripple Chair，图7-8），椅面运用灵动柔和的线条，构成优美的弧线感，两边均匀挖空一洞，就像它的名字“Ripple”所代表的含义一样，唤起人们对海浪在沙滩上留下的层层印记。椅面像蝴蝶张开的翅膀，也如水波纹，给人以无限遐想。美国设计师沃伦·普拉特纳（Warren Platner，1919—2006年）于1966年设计的椅子与脚凳（图7-9）底座采用多根镀镍的细钢丝排列展开，极具雕塑与韵律美感，形成独特的视觉效果。

联邦家私于2019年推出的心象素沙发（图7-10）扶手侧面利用界面为椭圆形的木条平行排列成百叶窗形式，不同的视角形成不同的光影与视觉效果。

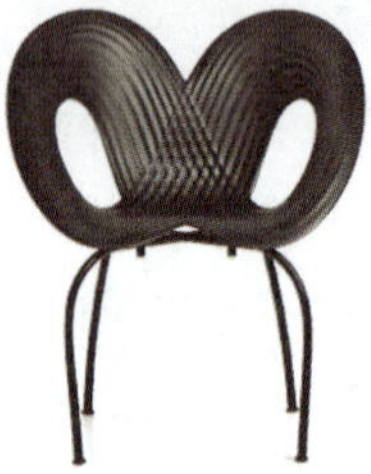

（a）

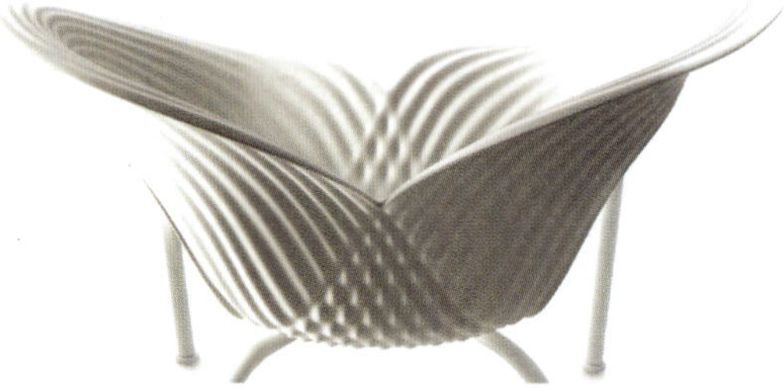

（b）

图7-8 波纹椅

（a）椅子 （b）局部细节

图7-9 休闲椅与脚凳

（a）

（b）

图7-10 心象素沙发

（a）沙发 （b）扶手细节

7.1.3　面

面的几何学定义认为面是由线的移动轨迹所形成，面只有长度和宽度，没有厚度，面也可以是立体的断面、界限和外表。在立体形态中，面是具有长度、宽度和深度三维空间的实体。三维空间中的“面”，如果其厚度、深度、高度与现实环境相比较能够具有面的特征，都可以属于面的范围。

面具有较强的延展感，有更多的构成体块的机会，只要把面进行简单的加工，就可以产生体块。面具有较强的视觉感，能较好地表现立体形态中的肌理要素。此外，由于加工技术的发达，面材能够轻易地被弯成曲面或折面等形态。

线通过移动形成面，直线平行移动形成正方形或矩形面，直线回转运动形成圆形或扇形面，直线倾斜移动形成棱形面。

面通过轨迹运动可以形成体，任何形态都是由面构成的。因此，面可以塑造各种形态。面有很多种类，不同形状的面给人不同的视觉感受。平面，整齐干净、稳定硬朗，并具有延伸感；自由曲线面，自然活泼、丰富温柔，同时比例、形状、颜色、质感等要素也是影响面的心理感受的重要因素，如不同长、宽比例的面能产生方向感，不同围合度的面能产生封闭或开放感，不同色彩的面能产生不同的重量感等。

面材是最主要的造型材料，家具用主要面材有木板、玻璃、石材、皮革等。罗恩·阿拉德于2015年设计的三层皮肤椅（Three Skin Chair，图7-11）利用三维曲面形态让作品充满创造性、独特性和趣味性，形体和曲线自由不受拘束，成功挑战传统的工业设计概念。法国设计师皮埃尔·波林（Pierre Paulin，1927—2009年）于1966年设计的F582号飘带椅（Ribble Chair，图7-12）以三维曲面为形体，具有强烈的抽象雕塑形态，形成特别的视觉美感。

图7-11　三层皮肤椅

图7-12　飘带椅

7.1.4　体

在几何学中，体是具有长度、宽度及深度的三次元元素，但无重量。在立体形态中，体是面经过运动形成的实体，具有充实感与厚重感。体（块）能有效地表现空间立体，同时呈现出极强的量感。在立体形态中，物质实体的体与量是不可分割、相互共存、相互依赖的关系。体是指物质的三度空间体积的外在，量是由体所赋予的物理和心理上的特征。

尽管体的形态各异，但都可以还原为球形体、锥形体与正方体三种形体，正如色彩学中三原色是构成形体世界的三原体。体是点、线、面最终形成的展示结果。罗恩·阿拉德于2010年为意大利Moroso公司设计的Do-Lo-Rez自由组合沙发（图7-13），以音乐为主题，整个沙发由高度从27.5～83cm不等、不同色彩的多个立方体组成，所有立方体底面都为边长21cm的正方形，可以通过变化重新布置成许多种不同的形状与组合。

图7-13　Do-Lo-Rez沙发

7.2　家具色彩构成要素

色彩是能引起我们共同的审美愉悦的、最为敏感的形式要素。色彩是较有表现力的要素之一，因为它的性质直接影响人们的感情。现实的世界里不能失去色彩，家具造型设计更不能缺少色彩，没有色彩的造型是缺乏表现力的。在家具设计领域，精心设计的色彩已经成为一项重要的设计与营销战略，无论是面对市场的竞争，还是面对消费者的审美要求，色彩表现在家具造型设计中都是相当重要的环节。它不仅影响家具的外观，更对消费者与使用者的安全和舒适起到至关重要的作用。因此，随着时代的发展和设计观念的提升，进行家具造型设计更要不断地研究色彩发展趋势，巧妙利用色彩搭配，为家具造型设计带来新的生机。

7.2.1　色彩种类

丰富多样的颜色可以分成两大类，即无彩色系和有彩色系。

（1）无彩色系

无彩色系是指白色、黑色和由白色、黑色调和形成的各种深浅不同的灰色。无彩色按照一定的变化规律，可以排成一个系列，由白色渐变到浅灰、中灰、深灰到黑色，色度学上称此为黑白系列（图7-14）。黑白系列中由白到黑的变化，可以用一条轴表示，一端为白，一端为黑，中间有各种过渡的灰色。纯白是理想的完全反射的物

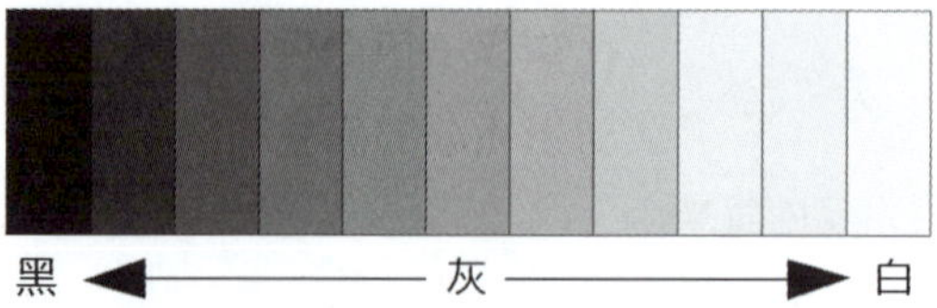

图7-14　无彩色

体，纯黑是理想的完全吸收的物体。可是在现实生活中并不存在纯白与纯黑的物体，颜料中采用的锌白和铅白只能接近纯白，煤黑只能接近纯黑。无彩色系的颜色只有一种基本性质——明度，它们不具备色相和纯度的性质，也就是说它们的色相与纯度在理论上都等于零。色彩的明度可用黑白度来表示，越接近白色，明度越高，越接近黑色，明度越低。黑与白作为颜料，可以调节物体色的反射率，使物体色提高或降低明度。

无彩色对比虽然无色相，但它们的组合在实用方面很有价值。如黑与白、黑与灰、中灰与浅灰，或黑与白与灰、黑与深灰与浅灰等。对比效果感觉大方、庄重、高雅而富有现代感，但也易产生过于素净的单调感。

（2）有彩色系

凡带有某一种标准色倾向的色（也就是带有冷暖倾向的色）称为有彩色。光谱中的全部色都属于有彩色。有彩色是无数的，它以红、橙、黄、绿、蓝、紫为基本色。基本色之间不同量的混合，以及基本色与黑、白、灰（无彩色）之间不同量的混合，会产生成千上万种有彩色。无彩色是没有任何色相感觉的，而一个略带红感觉的灰则属于有彩色。

7.2.2　色彩表现特性

色彩是较有表现力的要素之一，因为它的性质直接影响人们的感情（图7–15和图7–16）。

红色温暖、兴奋、热情、豪放；深红及带棕味的红庄严、稳重，又热情；橙色活泼、跃动、温情、甜蜜；黄色温暖、愉快、丰收、成熟；淡黄色平和、温柔、高贵；绿色象征生命、青春、和平、安详、新鲜；蓝色宁静、冷淡、敏捷、理智；紫色梦幻、高贵、优美、庄重；黑色沉静、严肃、庄重、含蓄；白色洁净、纯真、光明、恬静；灰色柔和、细致、朴素、大方；金色富丽堂皇，象征荣华富贵；银色雅致高贵，象征纯洁与信仰……

7.2.3　色彩属性

有彩色系的颜色具有三个基本特性：色相、纯度（也称彩度、饱和度）、明度，在色彩学上也称为色彩的三大要素或色彩的三属性。这三个基本特性可用图中的空间纺锤体表示（图7–15）。色彩中的任一特性发生变化，色彩将相应发生变化。在某一色调光谱中，白光越少，明度越低，饱和度越高。因此，每一个色调都有不同的饱和度与明度。

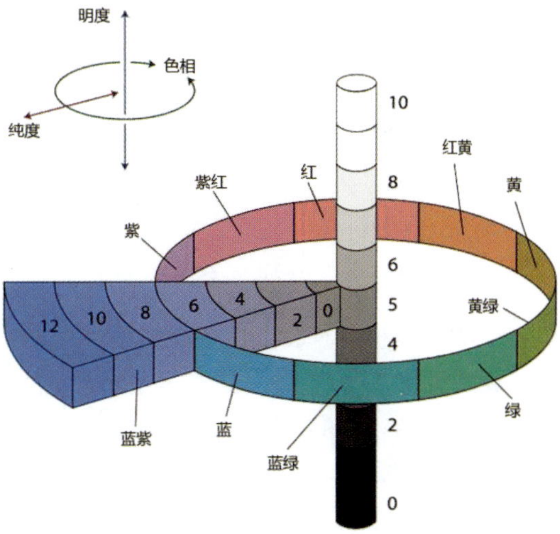

图7–15　孟塞尔色立体

（1）色相

色相是指色彩的相貌，就是我们通常说的各种颜色，如红、橙、黄、绿、青、蓝、紫等。色相是区别各种不同色彩的最佳标准，它和色彩的强弱及明暗没有关系，只是纯粹表示色彩样貌的差异。从光学上讲，各种色相是由射入人眼的光线的光谱成分决定的。物体的颜色是由光源的光谱成分和物体表面反射（或透射）的特性决定的。在最好的光照条件下，我们的眼睛大约能分辨出180种色彩的色相。色相之间的差别形成色彩的对比关系（图7–16）。

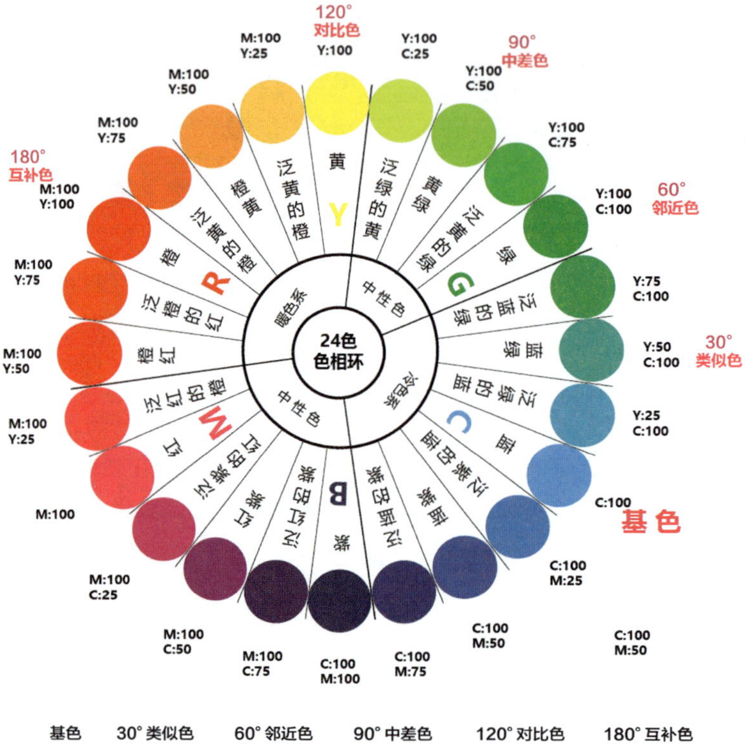

图7–16　24色色相环

① 同类色对比

色相环中相距15°夹角内的两种颜色对比为同类色对比，或一种色相的不同明度或不同纯度变化的对比，如黄绿与泛黄的绿对比、蓝与浅蓝（蓝+白）对比等。对比效果统一、文静、雅致、含蓄、稳重，但也易产生单调、呆板的弊病。

② 类似色对比

色相环中相距30°左右的两种颜色对比为类似色对比，如红橙与橙对比等。效果感觉柔和、和谐、雅致、文静，但也感觉单调、模糊、乏味、无力，必须调节明度差来加强效果。

③ 邻近色对比

色相环中相距60°左右的两种颜色对比为邻近色对比，如红与橙对比等。效果较丰富、活泼，但又不失统一、雅致、和谐的感觉。

④ 中差色对比

色相环中相距90°左右的两种颜色对比为中差色对比，如黄与蓝绿对比等。效果明快、活泼、饱满、使人兴奋，感觉有兴趣，对比既有相当力度，又不失调和之感。

⑤ 对比色对比

色相环中相距120° 左右的两种颜色对比为对比色对比，如黄绿与蓝紫对比等。效果强烈、醒目、有力、活泼、丰富，但也不易统一而感觉杂乱、刺激，易造成视觉疲劳。一般需要采用多种调和手段来改善对比效果。

⑥ 互补色对比

色相环中相距180° 的两种颜色对比为互补色对比，如红与绿、黄与紫对比等。效果强烈、眩目、响亮、极有力，但若处理不当，易产生幼稚、原始、粗俗、不安定、不协调等不良感觉。

（2）纯度

色彩的纯度是指色彩的纯净程度，它表示颜色中所含有色成分的比例，也叫饱和度、彩度。含有色成分的比例越大，则色彩的纯度越高，含有色成分的比例越小，则色彩的纯度越低。可见光谱的各种单色光是最纯的颜色，为极限纯度。当一种颜色掺入黑、白或其他彩色时，纯度就产生变化。当掺入的色达到很大的比例时，肉眼可见，原来的颜色将失去本来的光彩，而变成掺和的颜色了。当然，这并不等于说在这种被掺和的颜色里已经不存在原来的色素，而是由于大量的掺入其他彩色而使得原来的色素被同化，肉眼已经无法感觉出来了。

在所有可视的色彩中，红色的饱和度最高，蓝色的饱和度最低。有色物体色彩的纯度与物体的表面结构有关。如果物体表面粗糙，其漫反射作用将使色彩的纯度降低；如果物体表面光滑，那么全反射作用将使色彩比较鲜艳。

纯度对比也称为彩度对比。纯度弱对比的画面视觉效果比较弱，形象的清晰度较低，适合长时间及近距离观看。纯度中对比是最和谐的，画面效果含蓄丰富，主次分明。纯度强对比会出现鲜的更鲜、浊的更浊的现象，画面对比明朗、富有生气，色彩认知度也较高。

（3）明度

明度是指色彩的明亮程度。明度不仅取决于光源的强度，而且还取决于物体表面的反射系数。色彩的明度差别包括两个方面：一是指同一色相的深浅变化，如浅绿、中绿、墨绿；二是指不同色相存在的明度差别，这一点和纯度一样，不同的色相明度是不一样的。在所有可视色彩中，黄色的明度最高，紫色、蓝紫色的明度最低。

因明度差别而形成的色彩对比为明度对比。色彩的层次、体感、空间关系主要依靠色彩的明度进行体现。

7.2.4 色彩心理

色彩心理是人们对客观世界的主观反应，由于不同波长的光作用于人的视觉器官而产生色感时，必然导致人产生某种带有情感的心理活动，如色彩的冷暖感、远近感、轻重感、软硬感等。

（1）冷暖感

色彩的冷暖感主要是色彩对视觉的作用而使人体所产生的一种主观感受。形成冷暖感既有生理直觉的原因，也有心理联想的原因。

红色、黄色、橙色以及倾向于这些颜色的色彩能够给人温暖的感觉，我们在生活中看到暖色就会联想到灯光、太阳光、荧光等，所以称这类颜色为暖色。暖色由红色调组成，比如红色、橙色、黄色，赋予人温暖、舒适和活力。蓝色、蓝绿色、蓝紫色会让人联想到天空、海洋、冰雪、月光等，使人感到冰凉，因此称这类颜色为冷色。冷色由蓝色调组成，如蓝色、青色和绿色。这些颜色对色彩主题起到冷静的作用。其中，橙色被认为是色相环中最暖色，而蓝色则是最冷色。无彩色系总的来说是冷色，灰色、金银色为中性色，黑色则为偏暖色调，白色为冷色。

（2）远近感

色彩的远近感是指色相、明度、纯度、面积等多种对比而形成的错觉现象，也称进退感。红、橙、黄等色系看起来有迫近感，称为前进色；青、蓝、绿等冷色系有后退感，称为后退色，色彩的前进与后退还与背景密切相关，面积对比也很重要。

实际上这是视错觉的一种现象，一般暖色、浊色、强烈对比色、大面积色、集中色等有迫近感觉；相反，冷色、清色、弱对比色、小面积色、分散色等有开阔感觉。

（3）轻重感

色彩的轻重感是由于不同的色彩刺激，而使人感觉事物或轻或重的一种心理感受。决定色彩轻重感觉的主要因素是明度，即明度高的色彩感觉轻，明度低的色彩感觉重。其次是纯度，在同明度、同色相条件下，纯度高的感觉轻，纯度低的感觉重。在所有色彩中，白色给人的感觉最轻，黑色给人的感觉最重。从色相方面看，暖色黄、橙、红给人的感觉轻，冷色蓝、蓝绿、蓝紫给人的感觉重。

（4）软硬感

色彩的软硬感主要取决于明度，一般来说，明度高的色彩给人以柔软、亲切的感觉，明度低的色彩则给人坚硬、冷漠的感觉。此外，色彩的软硬感还与纯度有关，高纯度和低明度的色彩都呈坚硬感，高明度和低纯度的色彩有柔软感，中纯度的色彩也呈柔软感，因为它们容易使人联想到动物的皮毛和毛绒织物。暖色系较软，冷色系较硬。

在无彩色中，黑色与白色给人较硬的感觉，而灰色则较柔软。进行家具配色时，可利用色彩的软硬感来创造舒适宜人的色调。

色彩是一门独立的艺术，设计师要不断增强自己的美学修养和审美，从而更好地运用色彩，让色彩绽放自己的艺术魅力。色彩搭配的美学原则是基于色彩在设计中的重要地位，设计师在设计作品的过程中不仅要充分运用色彩的合理搭配，还要符合设计理念和色彩搭配的美学原则。

7.3 家具设计视觉变量

视觉变量也称设计变量，指视觉上能够感受到的设计变化的量。家具设计的视觉变量是指构成家具设计的基本要素，通过调节这些量的变化来表达设计效果的差异，从而产生不同的视觉效果。

每件家具都由不同的零部件组成，再由这些零部件通过一定的构成关系组装成整体形式。在这些视觉变量中，有简单变量，也有复合变量，而复合变量本身的变化取决于其子变量的变化。由此，视觉变量可分为基本视觉变量和交互视觉变量。基本视觉变量包括每个零部件各自的形状（包括造型、尺寸比例、刀型细节）、方向、颜色、纹理；交互视觉变量指的是这些零部件之间以及组成这些零部件的各个零件之间的位置与数量关系。由此，设计师若能抓住这些变量的规律，设计也就有了方法。变化无限，创意无限。

这里以餐桌为例进行分析，餐桌根据构成分解，主要分为桌面与腿支架两个基本部分。桌面与腿支架的视觉变量包括其形状（造型、尺寸比例、刀型细节）、方向、颜色、纹理以及其内部的各个零件之间的位置与数量关系（表7–1和表7–2，图7–17）。

表7–1　　　　餐桌桌面视觉变量

视觉变量		相应案例
三维形体	造型	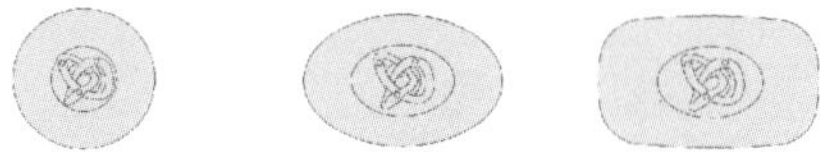
	尺寸比例	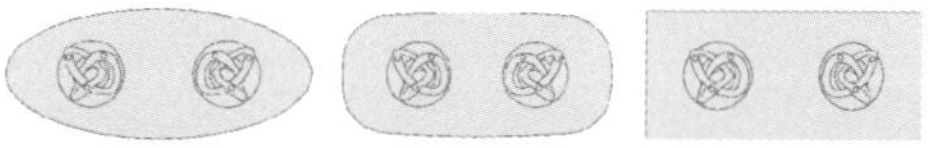
	刀型细节	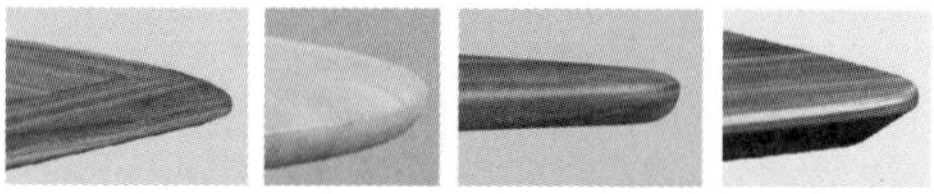
色彩		
材质肌理		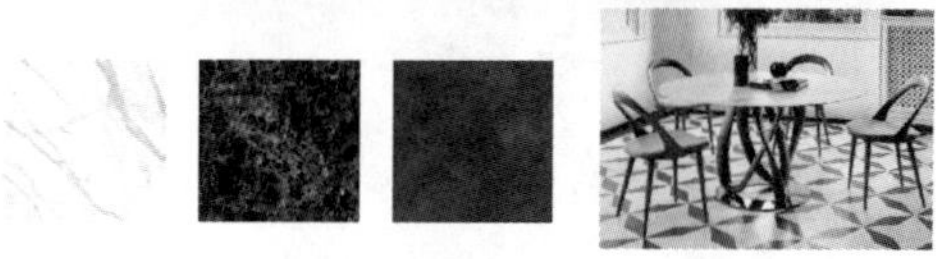
数量		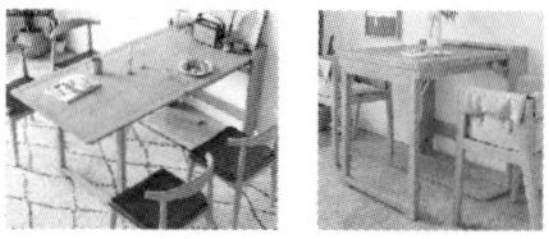
位置关系		

表7-2　　　　　　　　餐桌腿支架视觉变量

视觉变量		相应案例
三维形体	造型	
	尺寸比例	
	刀型细节	
色彩		
材质肌理		
数量		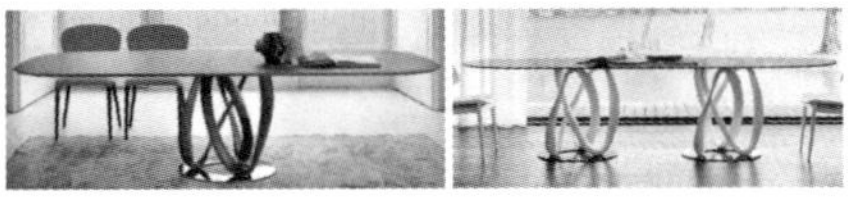
位置关系		

中心对齐

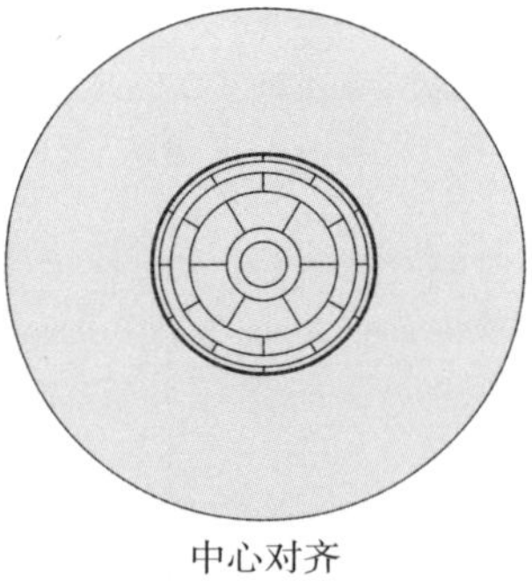

中心对齐

中心偏离

中心偏离

图7-17　Gheo餐桌

7.4　家具造型设计美学法则

家具造型设计不能仅停留在物理体积的建构与技术制造层面上，还要为产品提升美的艺术感染力，使产品具备实用与审美的双重功能，并带给人们美的感受。设计师对家具产品造型与形态的设计必须深入产品形态内部去探求其本质及规律，有意识地运用美学法则巧妙设计产品的造型与形态，最终实现产品的实用功能与审美功能的和谐与统一。

形式美法则是人类在创造美的形式、美的过程中对美的形式规律的经验总结和抽象概括。形式美法则主要包括：变化与统一、对比与调和、对称与均衡、节奏与韵律、稳定与轻巧、比例与尺度、模拟与仿生。

7.4.1　变化与统一及对比与调和

变化与统一、对比与调和是形式美中关于变与否的基本规律。

统一是指性质相同或形状类似的物体放在一起，形成一种一致的或有一致趋势的感觉。而变化是指由不同性质和形状不一的物体放在一起，形成显著对比的感觉。统一产生和谐宁静、井然有序的美感，但过分统一、缺乏变化，则会显得单调乏味和缺少生命力。变化产生刺激、兴奋、新奇、活泼的生动感觉，但变化过多、缺乏统一，则会造成杂乱无序，缺乏和谐与秩序。

把反差较大的两个要素成功地组合到一起，使人感受到鲜明强烈的不同，称为对比。对比能使艺术效果和主体更加鲜明，造型更加活跃。调和则是通过缩小差异程度的手法，把各对比的部分融合在一起，使整体和谐一致。对比是强调同一要素中不同程度的差异，以表现个性、突出不同特点；调和则是寻找同一要素中不同程度的共性，以表现相互联系、彼此和谐，表现共性，显示统一的特点。

任何物体形态总是由点、线、面、三维虚实空间、颜色和质感等元素的有机组合而成为一个整体。变化与统一、对比与调和的协调，不仅可以存在于一件家具之中、一套家具之间，也存在于家具与环境之间（图7-18至图7-21）。

图7-18　心象素茶几与边几

图7-19　心象素休闲几

图7-20　Ling几

图7-21　Tumbler几

家具造型设计中常见的变化或对比要素有以下几种：

（1）线条要素

长与短、曲与直、粗与细、水平与垂直等。造型设计处理方法：以直线为主要形式取得调和，设计少量曲线形态以丰富造型。

（2）形状要素

大小、方圆、宽窄、凹凸等。造型设计处理方法：主体形态种类以少为佳，一般不超过三个基本形态，并有一个为主形，加上较少的异样形态形成变化。

（3）方向要素

高低、垂直与水平、垂直与倾斜、顺纹与横纹。造型设计处理方法：直线、矩形、纹理主要安排为竖向，与直立家具相协调，少量横向，以示对比。

（4）质感要素

软硬、粗细、粗糙与光滑、透明与不透明。造型设计处理方法：以相同质感取得调和，有时以少量不同质感做衬托。

（5）虚实要素

开与闭、密与疏、虚与实。造型设计处理方法：设置趟门或玻璃门的虚空间，与封闭的实空间相映，丰富造型。

（6）色彩要素

浓与淡、明与暗、强与弱、冷与暖、轻与重。造型设计色彩运用：用同色相，取得调和，有时设计少量对比。

（7）体积要素

大与小、轻与重、笨重与轻巧。造型设计处理方法：用几个较小的体积衬托大体积，以突出重点，避免平淡无味。

要正确处理变化与统一、对比与调和的关系，统一是前提，变化是在统一中求变化，做到整体统一，局部变化；对比的双方应有主有次，以一方的特性为主；对比不能过分强烈，做到大调和、小对比。

7.4.2　对称与均衡

对称与均衡是形式美中关于动与静的基本规律。

对称是形式美法则中常用的法则，更是我们生活中经常用到的审美方法。如人体与各种动物的正面形象、汽车、家用电器等大多数生活用品的造型都是遵循对称法则的。因为对称的形态能营造良好的视觉平衡，并创造出稳重、高雅、庄重、严肃、规整、条理、大方、稳定的静态美。均衡是一种不对称形态的平衡，是静中有动，能够营造轻巧、生动、富有变化、富有情趣的动态美。

对称有两种基本形式，即轴对称与旋转对称。如果一个形状沿着一条直线对折后两部分完全重合，那么这个形式就是轴对称，也称镜面对称，是最简单的形式（图7-22）。如果一个图形绕着一个定点旋转一个角度后与初始图形重合，则为旋转对称（图7-23）。如果一个图形绕着一个点旋转180° 后能够与原来的图形重合，称为中心对称。因此，所有的中心对称图形都是旋转对称图形。

对称轴两侧同形、同量、同色的称为绝对对称。在对称轴线两侧的物体外形、尺寸相同的情况下，增加内部分割、色彩以及材质肌理等变化，这种形式称为相对对称（图7-24）。相比而言，相对对称增加了变化，视觉上更丰富一些。

对称给人一种规律、洁净、稳定的感觉，但同时又显得呆板，缺乏变化。为打破这种乏味、单调的印象，则采用动态均衡的方法进行构图，赋予家具更多的可变性与灵活性（图7-25）。

图7-22　Bayus1床头柜

图7-23　餐桌

图7-24　Bayus3边柜

图7-25　Theta餐桌

家具造型设计中的对称与均衡，通常是以等形等量或等量不等形的状态，以中轴或支点的形式出现，使家具具有端庄、严肃、稳定的效果；而均衡具有生动、活泼、富有变化的效果。

7.4.3 节奏与韵律

节奏与韵律是形式美中关于规律与否的基本规律。

节奏本是指音乐中节拍轻重缓急的变化和重复。节奏这个具有时间感的用语在家具造型设计上是指以同一视觉要素连续重复时所产生的运动感。韵律原指音乐（诗歌）的声韵和节奏。诗歌中音的高低、轻重、长短的组合，匀称的间歇或停顿就是韵律的运用。音乐的节奏与韵律是由音符、旋律、强弱处理等体现的。生活中也有节奏，每天的活动、四季的变换、行进的脚步、人的一生也是节奏的呈现。家具造型设计中，节奏可通过点、线、面、体及相互关系体现。

节奏是一种规律性的重复，而韵律是随节奏变化而产生的一种整体气势与感觉。在造型设计中，重复的形状以强弱起伏、抑扬顿挫的规律变化，就会产生优美的律动感（图7–26和图7–27）。节奏与韵律往往相互依存，互为因果，韵律在节奏基础上丰富，节奏在韵律基础上升华。

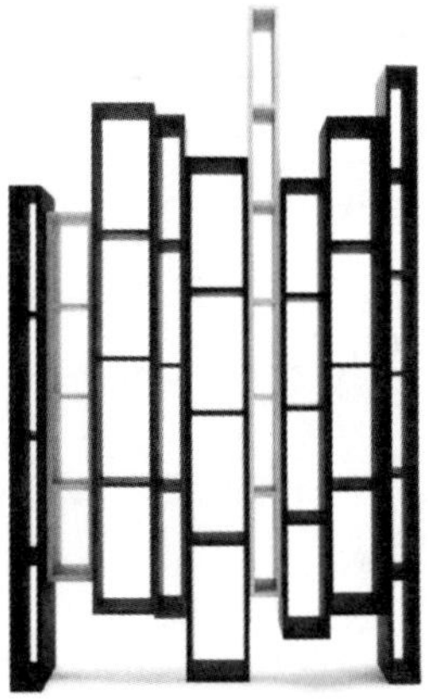

图7–26 Skyline书架

图7–27 DC218书架

7.4.4 稳定与轻巧

稳定与轻巧是形式美中关于轻与重的基本规律。

稳定是指造型物上下之间的轻重关系。稳定的基本条件是物体重心必须在物体的支承面以内，其重心越低，越靠近支承面的中心部位，其稳定性就越高。稳定给人以安全、轻松的感觉，不稳定则给人以危险和紧张的感觉。

在造型设计中，稳定表现有实际稳定和视觉稳定两个方面。实际稳定，是按产品实际质量的重心符合稳定条件所达到的稳定。视觉稳定，是以造型物形体的外部体量关系来衡量它是否满足视觉上的稳定感。一般情况下，增强造型物稳定感的方法有降低重心、底面落地、空间减少、多用直线和梯形、下部饰深暗色等（图7–28）。轻巧也是指造型物上下之间的轻重关系，即在满足“实际稳定”的前提下，用艺术创造的方法使造型物给人以轻盈、灵巧的美感。在形体创造上，一般可采用提高重心、缩小底部支承面积、做内收或架空处理、适当多用曲线和曲面等（图7–29）。在色彩及装饰设计中，一般可采用提高色彩的明度、利用材质给人以心理联想、标牌及装饰带上置等方法。稳定与轻巧是一个问题的两个方面，设计师应综合权衡，恰当处理。

图7–28 北欧宜家沙发

图7–29 艾写意沙发

7.4.5 比例与尺度

比例与尺度是形式美中关于宜人与否的基本规律。

比例是一种数理逻辑的表现形式，指形体自身各部分的大小、长短、高低在度量上的比较关系。比例一般不涉及具体量值，表现为整体与局部、局部与局部的数量关系，这种比例关系如果能令人产生美的感受，就是一种优美的比例。在比例学说上影响最大且在实践中运用得最多的是黄金分割比例。此外，还有均方根比例、整数比例、相加级数比例、人体模度比例等。

尺度指产品形体与人使用要求之间的尺寸关系，以及两者相比较所得到的印象，它是以一定的量来表示和说明质的某种标准。在现代工业产品造型设计中，尺度主要是指产品尺寸与人体尺寸之间的协调关系。因为产品是供人使用的，所以它的尺寸大小要适合于人的操作使用要求。如操纵手柄、旋钮等操作件，它们的尺寸就应与人手的尺寸相协调等。按造型尺度要求，无论造型物大小差别多大，它们的操纵手柄的尺寸都应该是一致的。

比例与尺度相辅相成，良好的比例常常是以尺度为基础的，而正确的尺度感也往往是以各部分的比例关系显示出来。单纯考虑造型比例而忽视造型尺度，就会造成尺度失真，甚至影响人的使用，即使是良好的比例也不能显示其美。如果只重视尺度而不去推敲比例关系，同样不能形成美感。比例与尺度不仅衡量了产品的形式美，而且保障了产品的宜人与舒适性。因此，在造型设计中，比例和尺度应进行综合分析和研究（图7–30）。

（a）

（b）

图7-30　合院斗柜

（a）调整前　（b）调整后

7.4.6　模拟与仿生

模拟与仿生是形式美中关于模仿的基本规律。

模拟与仿生可以给设计者以多方面的提示与启发，使产品造型具有独特的形象和鲜明的个性特征，可以使使用者在观赏和使用中产生对某事物的联想，体现出一定的情感与趣味。应用这种手法可以丰富造型和体现思想感情，因为这是一种较为直观的和具象的形式，所以较容易获得使用者的理解与共鸣。模拟与仿生的共同之处就是模仿，前者主要是模仿某种事物的形象或暗示某种思想情绪，而后者重点是模仿某种自然物合理存在的原理，用以改进产品的结构性能，同时以此丰富产品造型形象。

模拟是较为直接地模仿自然形象或通过具象的事物形象来寄寓、暗示、衍射某种思想感情。利用模仿的手法具有再现自然的意义，具有这种特征的家具造型，往往会引起人们对美好的回忆与联想，丰富家具的艺术特色与思想寓意。若是在整体造型上进行模仿，家具的外形塑造类同一件雕塑作品。这种塑造可能是具象的，也可能是抽象的，也可能是介于两者之间。模仿的对象可以是人头、人体或人体的某一部分，也可能是动物、植物或者是其他自然物（图7-31和图7-32）。

自然界的一切生物，在漫长的进化过程中，能够生存下来的重要条件之一就是改变自己的躯体，使其适应生态环境。这种在功能上各成体系、在形式上丰富多彩的生命形式，便为设计师创造性的思维提供了途径，为家具设计提供了取之不尽的源泉。仿生设计督促设计师通过寻找、研究、模仿这些线索，研究和模拟自然界生物各种各样的特殊本领，包括生物本身结构、原理、行为、功能、体内的物理和化学过程等，给予设计师新的思考模式（图7-33和图7-34）。

仿生设计包括形态仿生、结构仿生、功能仿生三种基本形式。形态仿生设计强调对生物

图7-31　路易十四小衣柜

图7-32　小狗椅

图7-33　大象椅

图7-34　贝壳椅

外部形态美感特征的抽取整理，并且寻求对产品形态的突破与创新。结构仿生设计通过对自然生物由内而外的结构特征的认知，使人工产品具有自然生命的意义与美感特征。功能仿生设计主要研究生物的客观功能原理与特征，从而促进产品功能改进或新产品功能的开发。

7.5　家具造型美设计策略

在家具设计发展初期，家具造型设计是家具设计最主要的内容，家具设计方案成功与否取决于家具造型方案的水准高低。直到今天，国内家具设计才刚开始踏入正式发展阶段，但家具造型设计策略仍然是家具设计中的重要组成之一。造型要素包括形态、肌理与色彩三个部分，因肌理在“家具材质美设计”部分有所涉及，这里主要就形态与色彩设计策略展开讨论。

7.5.1　形态美设计策略

形态作为造型要素的重要组成部分，在家具设计中起着举足轻重的作用。家具形态是指家具存在的样貌或在一定条件下的表现形式。它是可以被感知和理解的。

（1）强势美感策略

毫无疑问，在当今供大于求的消费市场，第一印象对消费者决策影响越来越大，除了品牌等重要影响因素外，产品外观对人的影响程度应排在首位，尤其是外观造型较为突出的视觉美感给消费者产生很强的吸引力与感染力。第一印象的强烈视觉美感为产品突显自身增加力量。美的产品打动人心，必然创造市场利润，也大大增加设计的附加值。

形式美是怎样产生的？首先，我们要了解点、线、面、体是一切形式的基础要素，家具也不例外。形式美就是把握各种形式要素在不同条件下的表现内涵，并使其符合自然法则的规律性，与人的感官快感相统一。自然规律的形式包括比例与尺度、均衡与对称、调和与对比、节奏与韵律、稳定与轻巧、仿生与模拟等，是家具造型设计应遵循的美学形式法则。

如图7–35所示书报架设计，外形模仿天鹅优美、圆润、饱满的体态，流动的线条中带着恰到好处的转折，浑厚圆润的造型设计，融合了精雕细琢的质感，散发着温文尔雅的产品气质，将“刚柔并济”贯穿其中，弧线与直线的对比调和在每个空间都得到充分体现，让家具有了灵动之感，用视觉和触觉发现家具的美。流畅舒展的线条、时尚雅致的造型、别出心裁的细节处理，在功能与形式之间找到完美的平衡点。

图7–35 书报架

（2）造型突破策略

在形式审美领域，形式审美疲劳是固有的现象。人的天性决定了人们对新、奇、怪的不断追求，这一现象同样反映在消费领域。包豪斯之后全球工业产品不断更新，新形式丰富多彩，不断满足人们物质及精神方面的需求，视觉疲劳同样也伴随产生，人们对家具的视觉审美不是孤立的，它必将与时俱进，产品审美必然受到诸如建筑审美、服装审美、工业产品审美等内容的影响。突破已有的产品形式常态，创新造型并使之符合时代的审美特征，追求新、奇、怪的产品视觉审美形式，以使产品在同类中突显。这也是为什么许多家具企业不断推出新产品的原因。

家具造型突破策略应根据具体产品个性情况加以运用与推动，最常用的方法是在不改变产品功能及内部结构的情况下，将部分零部件造型尝试大胆创新，为新造型设计产生提供所需空间。

这里需要特别申明的是造型突破并非单纯的新、奇、怪，突破不等于突兀，还需要遵循美学法则。目前，市面上很多单纯利用突兀的造型来吸引人眼球的方法，是走入了一条歧途，实际效果会得不偿失。好比人们对长相奇特的人也会多看一眼，但这并不意味着喜欢，那只是觉得好奇而已。

图7–36 餐桌

如图7–36所示圆餐桌设计，突破常规

桌腿形式，造型别致，线条简练，气韵生动，带着芭蕾舞者的灵动，采用六条镶嵌铜条装饰的V形实木腿围合一圈形式，腿足底部用铜圈加固，同时与装饰铜条相呼应。为了突显桌腿支架，采用深灰色透明玻璃桌面，时尚简约，个性百搭。

7.5.2 色彩美设计策略

色彩本身并没有任何感情内容，也不存在什么风格。但色彩与大自然、与人们的日常生活紧密联系在一起，在人们的生理与心理上产生了各种各样的感觉。久而久之，在人们的心目中，色彩代表了一定的形象风格。由于不同的地理环境、不同的民族、不同的社会制度、不同的年龄与职业、不同的性格与心情、不同的季节与气候，人们都会对色彩产生相应的某种感觉和感情，这种感觉和感情由色彩所代表的形象风格而来，决定了人们的审美意识。色彩还能引起人的联想，即能够使人联想起过去的经验和时期，这一特性可以用来创造人们熟悉的某种风格和气氛。

色彩在人类生活中起着重要作用，正因为人类是生活在色彩缤纷的大千世界中，才感到无比的欢乐。人正是凭借色彩与形态来辨别自然万物的，而色彩比形态更能引人注目。因而，在产品外观方面，色彩起着极为重要的作用，各企业都竞相生产具有各种色彩的产品。如厨房用具、电器、汽车等都有很多不同的色彩，现代家具也不例外，已具彩色化。色彩增加了产品的魅力，能诱发消费者的购买欲，因此色彩也成为商品推销的有效手段。我们不能忽视，在消费者的购买行为中，色彩因素占有相当大的比重。消费者挑选商品，往往第一是色彩，第二是式样（即形态），第三才是功能（因为产品的功能通常是得到保证的）。

色彩在人类生活中的作用，还在于人们常常需要依靠色彩视觉对事物进行判断。如水果的成熟度就可以通过看色彩的变化进行判断，医生看病人的脸色和舌头来诊断病情，在交通运输中用各种信号来指挥车、船的行驶，在各种机械操作中用彩色按钮指示灯进行安全生产等。

色彩具有在第一时间让人心动的力量以及在一瞬间感染人的作用。色彩在具有此力量的同时，就具有了自身的市场价值。关于色彩，营销界总结出了一个"7秒定律"：顾客会在7秒之内决定购买意愿，在这短短的7秒之内，色彩的决定因素占到将近7成的比例。以"色"悦人营销法则的合理运用，能产生一种无形却又非常有效的沟通效果。甚至对于很多品牌而言，颜色就是品牌的DNA，从Hermès橙（图7–37）到Tiffany蓝（图7–38），再到Christian

图7–37 Hermès 橙

图7–38 Tiffany蓝

Louboutin经典的红底高跟鞋（图7–39），色彩成为品牌形象中最鲜明的元素。国外的大型企业会有专门的色彩负责人，组织团队，研究色彩，提升产品的销量和关注度。

图7–39 CL经典红底高跟鞋

家具色彩的设计与应用、策略的制定，目的是将某种信息或是将家具本身的信息放大后准确地传递给消费者，重点在于如何抓住对方的心。为此，家具的色彩设计首先必须要了解消费者喜欢什么颜色，是追逐色彩流行趋势还是单独制定个性化色彩方案。色彩策略与设计整体策略应是一致的，色彩设计的使命是让人产生“心情愉快”的情绪，是家具设计组成要素之一。家具设计策略与色彩策略是一枚硬币的两面，彼此都很重要，不应有主次、轻重、前后之分，无论什么产品，如果没有同步的色彩策略，就无法明确地向消费者传达设计的精髓。

（1）选定主色调

色彩是产品的另一种语言，不同色彩表达不同的情感与特性。家具色彩设计策略首先要明确家具的主色调，即家具主材所采用的色彩（包括光泽度）。家具主色调的确定，既不能随意取用某一年度的色彩流行趋势，也不是某些生产企业一厢情愿的主观臆测，更不能根据设计师自己的个人喜好来决定颜色方案，而必须以产品整体设计策略为中心，要符合人、社会与科学等因素，并结合家具的特征、内涵、价值等来确定，根据消费者需求打动人心。色彩本身是一种语言，意味着传达与沟通；色彩本身具有价值，代表了社会与市场的取向。

家具色彩设计中需要特别重视的是油漆色泽（色彩与光泽度）对视觉效果的影响很大。即使同一种木材，因不同的生长环境、不同的切割方法、不同的部位等，其色彩也会存在较大差别。即使采用相同材质，因油漆色彩与光泽度的微细区别，效果也会大不相同（图7–40）。“三分长相，七分衣装”也常用来形容家具的油漆涂饰。这里的长相指的是家具的形态，而衣装就是家具的油漆涂饰。

图7–40 油漆色板

国际上十分重视对流行色的研究，有流行色的国际组织。我国也成立了流行色研究协会。所谓流行色，就是一年一度经专家收集资料、调查研究后，推出几种色彩为主色，作为当年的流行色，这在时尚界普遍采用。流行色之所以流行，是经专家们的调查研究后，利用人们对色彩要求的新鲜感而得以流行的。凡是色彩看多了、看久了，视觉上就缺乏新鲜感，因而研究流行色，不断推出有新鲜感的色彩。但在家具设计中使用还需谨慎，毕竟家具是耐用品，需要经得住时间的考验。此外，从流行色的起源看，主观成分占比较大。

（2）确定色彩组合调配方案

几乎只有少数家具整体采用同一种材料与色彩，绝大多数家具由多种材质或多种色彩组成，而不同色彩的组合也会给人不一样的感觉，所以家具设计中的色彩组合调配同样重要。

我们既要明确一些主要色彩的色相，又要理解色彩在相互影响下给人带来的视觉变化，这种视觉变化对色彩的美感和给人的心理感觉起很大的作用，所以对色彩的认识还要把它放在色彩关系中去理解，掌握其视觉变化规律，才不会在配色中出差错。

很多设计师的色彩搭配是“凭感觉”，色彩感觉确实是一个很重要的东西，但是感觉需要长时间的积累才能达成。这里介绍一种比较常用且有效的配色方法，即从图片中获取配色灵感。

① 找图

第一步是需要找到符合设计风格的图片。这里可以先用3～5个关键词来形容我们所需表达的主题，如描述中国风主题的用江南、烟雨、云雾、山水，描述未来感主题的用梦幻、星球、科技、金属，描述北欧风主题的用温暖、家居、木纹、怀旧等，然后以此作为契合的标准去找匹配的图片。

② 提取颜色

很多电脑设计软件，如Photoshop、Illustrator、CorelDraw等都可以用于提取图片中的颜色，这样就可以将提取到的颜色用到设计中。在设计配色的时候，除非有特殊的设计需要，一般选择的颜色不宜太多，以一种色彩为主色调，加上2～3种辅色是比较常见的（图7–41和图7–42）。

如图7–43所示休闲几设计，采用极简的设计手法，大简至奢。线条简洁凝练、干劲有力间一气呵成，形体简约明快，粗细、方圆对比鲜明，体现较强的工艺性，于小空间展现灵动美。两种涂饰的选择，一个自然质朴，一个大气稳重。

如图7–44所示休闲沙发设计，以“时尚、轻奢”的设计理念，结合“大道至简”的设

图7–41　北欧风配色示例

图7–42　江南风配色示例

图7–43　休闲几

图7–44　休闲沙发

计哲学，摒弃无意义的烦琐，勾勒出简约大方的形体，以大气端庄为基调，融入舒适且具格调的设计感，结合工艺细节处理，打造出气度超逸、清新脱俗的气质家具。两种软包面料的选择，一个温馨居家，一个中性百搭。

色彩学是一门神奇的学科，一半是科学，一半是艺术，因此也留给我们无穷的发挥空间。

本章小结

人总是一个永恒追求美及探索美的变化的审美主体，人类造物的全部过程始终贯穿审美活动，所以运用设计手段实现产品的审美功能依然是今天家具设计基本的任务之一。

家具造型由功能要素（包括人机要素）、结构要素、材料要素、形态要素、色彩要素组成。家具设计的视觉变量主要指每个零部件各自的形状（包括造型、尺寸比例、刀型细节）、方向、颜色、纹理以及这些零部件之间、组成这些零部件的各个零件之间的位置与数量关系。设计师设计家具产品造型时必须遵循形式美法则，巧妙设计产品的造型与形态，最终实现产品的实用功能与审美功能的和谐与统一。

在市场经济的背景下，一切有价值的东西都会产生商业价值，“美”必然也能产生市场价值。在家具产品中添加美学内容，不仅提升产品的价值，还能提升产品的市场竞争力。因此，在进行家具设计时适当运用造型美与色彩美设计策略，可以创造出与众不同的产品，并为企业带来更大的竞争优势。

作业与思考题

（1）形态的构成要素有哪些？请结合家具中常用材料，举例分析各种材料的形体构成特征。

（2）对比国内外几个知名品牌的沙发案例，请分析其选色规律的异同。

（3）请以一款家具（如衣柜、电视柜、书桌、床、沙发、餐椅等）为例，分析其视觉变量。

（4）请寻找五感设计的经典案例，并举例分析在家具设计中用除了视觉以外的另一种或几种感觉的切入点。

第8章　家具造型设计实践案例

设计实践：将理论践行落到实处。

8.1　民用橱柜单品设计案例

（1）艺树胡桃木床头柜

项目背景：以中国北方中等收入、中青年消费者为目标消费群体，产品需突出实木的价值感，同时注重性价比。

产品设计理念：为了突出实木的价值感，整体采用实木家具结构工艺手法，转角与表面运用板式家具无法实现的优美的弧线、圆润的切割与三维数控铣型手法。表面题材灵感源自鱼，代表吉庆有余的美好寓意。整体造型简约，但圆润饱满，运用现代先进生产技术表达木材温润的质感，使家具富有品质感，同时又不失时尚现代感，彰显出家具主人高雅、简约的文化品位（图8–1和图8–2）。

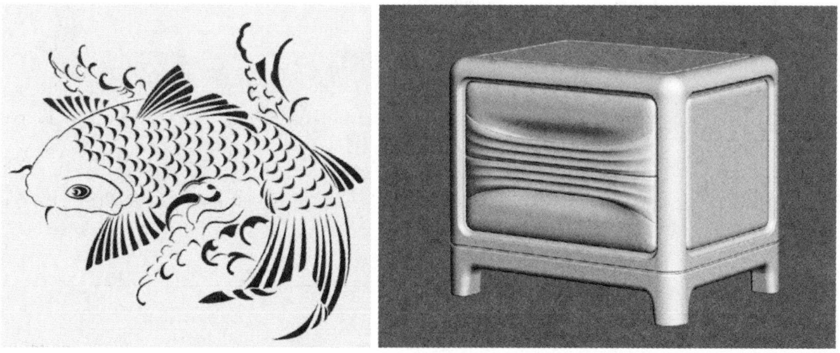

（a）　（b）

图8–1　创意灵感与效果图白模

（a）创意灵感 （b）效果图白模

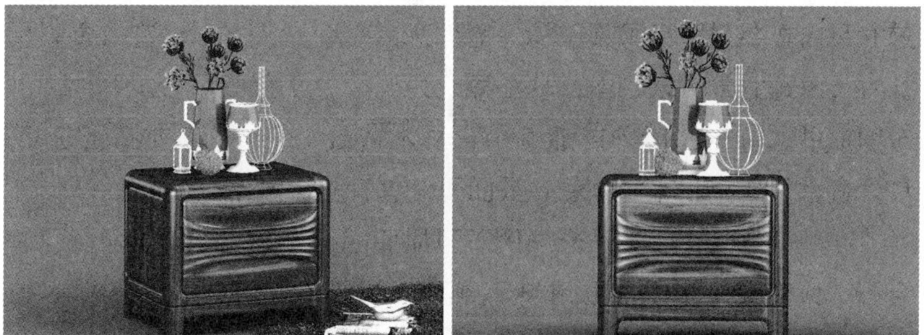

图8–2　艺树胡桃木床头柜效果图（东方冠雅）

（2）御舍床头柜

项目背景：设计的产品针对年龄在30～50岁、热爱中华传统文化同时又追寻时尚现代的生活方式、讲究生活品质、享受生活艺术的消费群。要求设计的新中式家具汲取中华文化之精髓，融入现代北欧造型和功能元素，附加较多的文化元素和艺术内涵，具有较高的设计附加值。

产品设计理念：这是一款新中式床头柜。灵感源自经典中式提盒，结合床头柜实际功能需求，巧妙转化，传承轻奢东方美学，稳重的深木色赋予空间儒雅幽远的风骨，上乘的纹理质感穿插其中，通过现代的视角重新诠释文人精髓和新东方魅力（图8-3和图8-4）。

图8-3　御舍床头柜效果图（久盈润家）

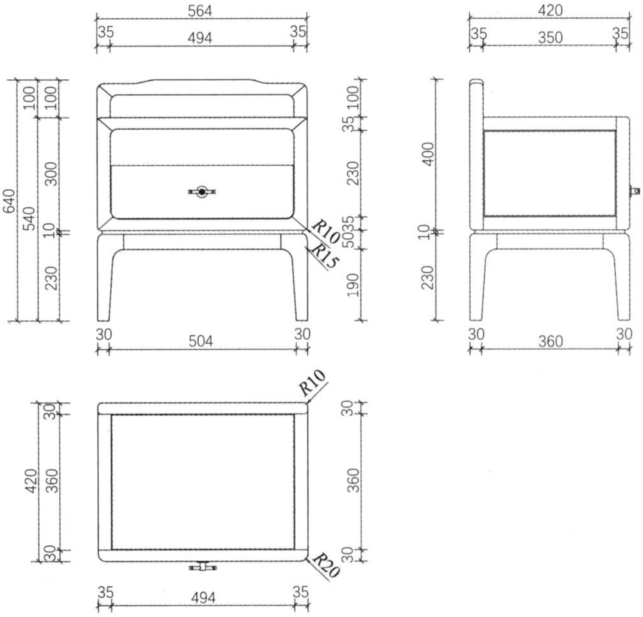

图8-4　御舍床头柜三视图

（3）合院电视柜

项目背景：产品定位中高端消费人群，遵循东方谦逊的美学语言，将宋学谦和高雅的精神风貌纳入家具产品当中。通过探寻宋代文人雅致生活“四事”——调香赏花、抚琴作诗、观画弈棋、饮酒点茶，透过嗅觉、味觉、触觉、听觉与视觉品味日常生活，将日常生活提升至艺术境界。

产品设计理念：此电视柜突破传统的电视柜形式，采用“子母”形式，更好地体现了“羔羊跪乳尚知孝，乌鸦反哺孝亲颜”的中华传统美德。传统的中堂文化中，正堂会挂上一幅“孝”字，而这款电视柜恰好与之呼应。同时为了提升产品的艺术及文化价值，从宋徽宗的瘦金体中找寻灵感，将书法气韵与角牙有机融合，形雅、韵足，器与境契，人与物合，演绎骨子里的风雅，创造一种人们向往的生活场景（图8–5）。

图8–5　合院电视柜效果图（明堂红木）

（4）心象素门厅柜

项目背景：产品风格要求现代简约而精致。去符号，讲究意境，材质混搭多元，设计感强、品质感强、细节感强。柜类产品注重收纳性与功能性。

产品设计理念：此款鞋柜采用现代简约的设计手法，简约不是一味求简，而是在外形上将视觉呈现不断简化，但内在丰富的包容性一点也不能少。在保持整体风格与色调的基础上，设计别出心裁，将成品与定制设计手法有机融合，巧妙地将生活中的各种收纳加以提炼升华，用极致的简约造型表达现代生活方式（图8–6）。

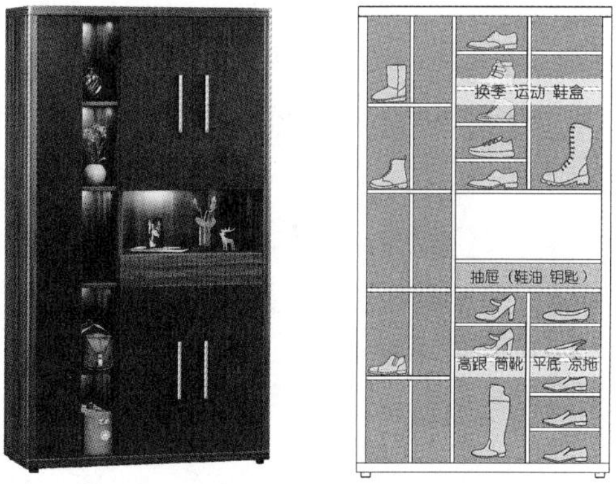

（a）　（b）

图8–6　门厅柜效果图（联邦家私）

（a）效果图　（b）内部功能分隔

（5）竹卫浴柜

项目背景：外观简洁时尚，尽量考虑零部件的系列化、标准化、通用化（模块），方便平板化包装，都要求能够方便拆装；以竹集成材为主材，板式结构，体量小巧为主；要严格控制成本，适于批量化生产，在保证舒适性的前提下尽量少用弯曲构件。

图8-7　竹卫浴柜效果图（永裕）

产品设计理念：整体外形简约明快，采用本色与碳化色双色搭配，时尚大方。浴室柜与浴室镜整体考虑，分开设计，充分考虑功能区域划分，便于加工与组装（图8-7）。

8.2　民用桌案单品设计案例

（1）艾写意长餐桌

项目背景：以年龄在25～45岁热爱中华传统文化同时又追寻时尚现代的生活方式的人为目标消费群，实木为主，可适当运用其他材质、工艺。在北欧风格基础上汲取中华文化之精髓，融入现代造型和功能元素。

产品设计理念：这是一款6人位餐桌，要求面向消费大众，造型简洁，比例适宜，但个性不要太鲜明，实用为主，兼具书桌功能。整体造型与尺度以满足大部分人的审美偏好为主，边角处沿用北欧家具常用的圆润处理手法，为兼顾书桌功能，桌面下设抽屉，同时在桌面上增设小搁架活动部件，可以作为选配件使用（图8-8）。

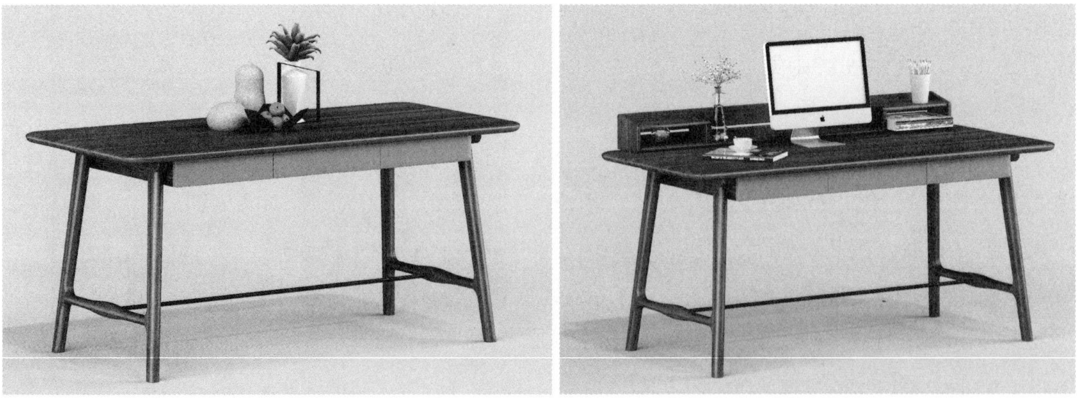

图8-8　艾写意餐桌效果图（联邦家私）

（2）舒雨圆餐桌

项目背景：设计的产品要求宋代文化意境结合现代时尚生活。根植于宋代文化意境，又融入西方生活美学，是西方时尚设计对当代东方名仕生活的全新定义。产品糅合了中式家具的“气”，重塑了传统具象的“形”，灵动、轻巧，注重线与面、粗与细、直与曲的结合，组合灵活多变，将中式家具做得极其精美舒适，更加适合当代都市生活。

产品设计理念：这是一款8人位圆餐桌，以世界之眼光探中国新美学，兼具东西方神与韵。设计之初，因餐桌桌面受功能局限不能有更多创意发挥，所以尝试在底座做更多的变化，采用四个模块组合形式，方便组装，此外，采用不同色彩的皮革贴面，增加设计亮点。综合各方面因素，最后修改了底座的设计方法。原因是底座部位并非视觉重点，而此设计将工艺与设计亮点体现在底座部位，加上皮革内凹贴面工艺，成本较高，难度较大，存在脱胶等隐患。后来设计师在不改模块化设计的原则下，略微改变了底座形式，采用虚实结合的手法，不仅大大降低了成本，性价比增高的同时保持着原有产品的气质神韵（图8-9）。

（a）

（b）

图8-9　舒雨圆餐桌效果图（联邦家私）

（a）最初方案　（b）修改后方案

（3）合院渡舟茶桌

项目背景：产品定位中高端消费人群，遵循东方谦逊的美学语言，将宋学谦和高雅的精神风貌纳入家具产品当中。通过探寻宋代文人雅致生活“四事”——调香赏花、抚琴作诗、观画弈棋、饮酒点茶，透过嗅觉、味觉、触觉、听觉与视觉品味日常生活，将日常生活提升至艺术境界。

产品设计理念：产品造型去繁从简，区别于市场上新中式家具堆砌的造型处理，我们尽量将材料用到极致，将产品的神、意表达到位即可。本产品运用造景的手法，借用“渡舟”场景画面进行设计（图8-10），茶桌桌面采用舟楫的造型，让用户身临其境于空旷、寂静的湖面，达到意境的表

图8-10　渡舟

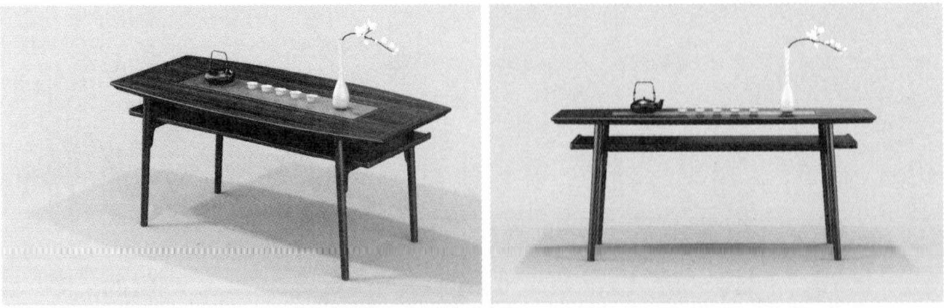

图8-11 合院渡舟茶桌效果图（明堂红木）

达，更好地达到身心的放松（图8-11）。

8.3 民用床榻单品设计案例

（1）阅界双人床

项目背景：产品要求在现代实木家具的圆润饱满基础上，结合北欧家具自然人性化特征、意大利家具的时尚品位，使产品充满活力、流动的唯美线条与圆润的细节，趋向轻巧、灵动与有机的形态。

图8-12 阅界双人床效果图（世纪嘉美）

产品设计理念：这是针对中国北方中年消费群体的一款床，为了突出实木的价值感，运用板式家具无法实现的优美的弧线、圆润的切割手法、表面的三维铣型，床屏采用框架斜屏形式，床屏图案选用花生造型，蕴含多子多福的美好寓意。床身采用床架结构，透气性好，并方便打扫。床的主要部位采用现代先进生产技术表达木材温润的质感，使家具富有品质感，同时又不失时尚现代感（图8-12）。

（2）心象素双人床

项目背景：产品风格要求现代简约而精致。去符号，讲究意境，材质混搭多元，设计感强、品质感强、细节感强。柜类产品注重收纳性与功能性。

产品设计理念：床头整体简洁大气，采用软包饰面，弥补直屏倚靠不舒适的缺陷。两侧镶嵌铜条起装饰作用，软包中间的车线处理，营造一种节奏与韵律美感，金属脚与铜条既相呼应又有变化（图8-13）。

（3）可爱兔上下床

项目背景：产品风格要求现代简约而精致，同时具有一定的卡通趣味性，使产品富有感情色彩与故事性。

产品设计理念：采用模块化设计手法，方便组装与变换。产品局部用活泼可爱的线条勾勒出极为简洁的兔子形象，表达出产品的趣味性（图8-14）。

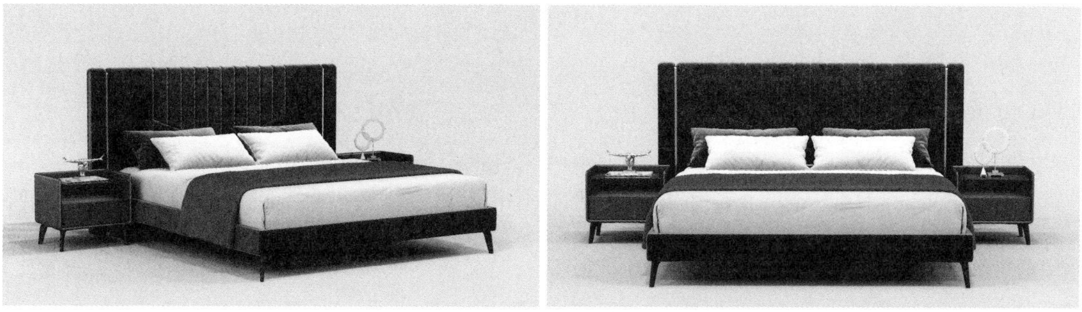

图8-13　心象素双人床效果图（联邦家私）

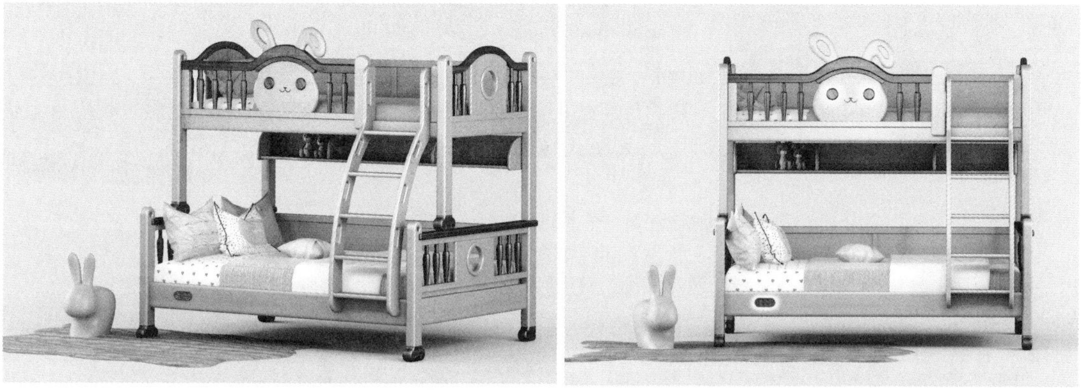

图8-14　可爱兔效果图（阳光芭比诺）

8.4　民用椅凳单品设计案例

（1）合院半景沙发

项目背景：产品定位中高端消费人群，遵循东方谦逊的美学语言，将宋学谦和高雅的精神风貌纳入家具产品当中。通过探寻宋代文人雅致生活“四事”——调香赏花、抚琴作诗、观画弈棋、饮酒点茶，透过嗅觉、味觉、触觉、听觉与视觉品味日常生活，将日常生活提升至艺术境界。

产品设计理念：运用框景的设计手法，将空间半遮半掩，围而不闭，隔而不断，让家人体会中式庭院的诗情画意，那含蓄温婉的美学，那“诗和远方”，不在别处，就在眼前。同时为了提升产品的艺术及文化价值，从宋徽宗的瘦金体中找寻灵感，将书法气韵与角牙有机融合，形雅、韵足，器与境契，人与物合，演绎骨子里的风雅，创造一种人们向往的生活场景（图8-15）。

（2）艾写意沙发

项目背景：以年龄在25～45岁热爱中华传统文化同时又追寻时尚现代的生活方式的人为目标消费群，实木为主，可适当运用其他材质、工艺。在北欧风格基础上汲取中华文化之精髓，融入现代造型和功能元素。

产品设计理念：秉承北欧现代简约与东方禅意美学，外形方正、圆润，实木框架，亲和流畅的温润线条，打造简约、精致、温馨的独特气质（图8-16）。扶手灵感源于丹麦设计师Finn Juhl设计的“45号椅”（前文图3-10），又称为“全世界最美丽的扶手椅”的扶手，整段扶手曲线几乎找不到任何直线构造，赋予它微妙的曲线美感。此款沙发结合“45号椅”扶手特征，再在侧面运用木条的粗细变化，营造出雨帘般的独特造型，与曲线优雅的扶手遥相呼应，结合圆润细腻的质感，赋予其东方意境与文化内涵。

图8-15 合院半景沙发（明堂红木）

图8-16 艾写意沙发（联邦家私）

（3）艾写意转角沙发

项目背景：以年龄在25～45岁热爱中华传统文化同时又追寻时尚现代的生活方式的人为目标消费群，实木为主，可适当运用其他材质、工艺。在北欧风格基础上汲取中华文化之精髓，融入现代造型和功能元素。

产品设计理念：秉承北欧现代简约与东方禅意美学，外形方正、圆润，实木框架，亲和流畅的温润线条，打造简约、精致、温馨的独特气质。此外，沙发采用模块化设计手法，用户可以根据自己的喜好与需求，对每个单品进行自由组合，大大增加了用户的选择性与空间的适配性（图8-17和图8-18）。

图8-17 艾写意转角沙发（联邦家私）

（4）舒雨明星椅

项目背景：设计的产品要求宋代文化

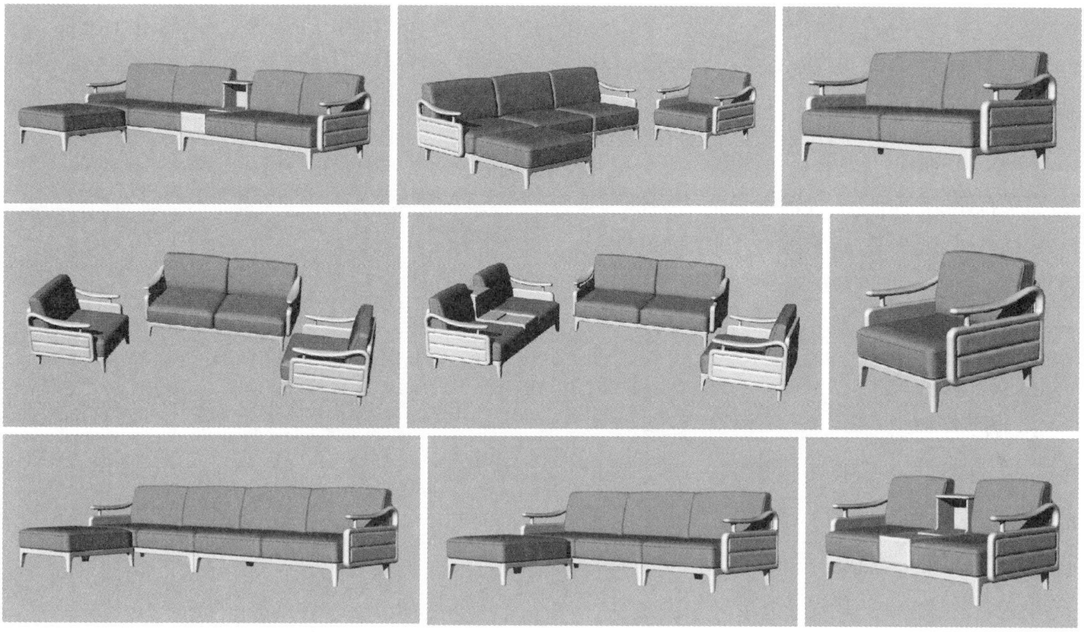

图8-18　多种组合方式

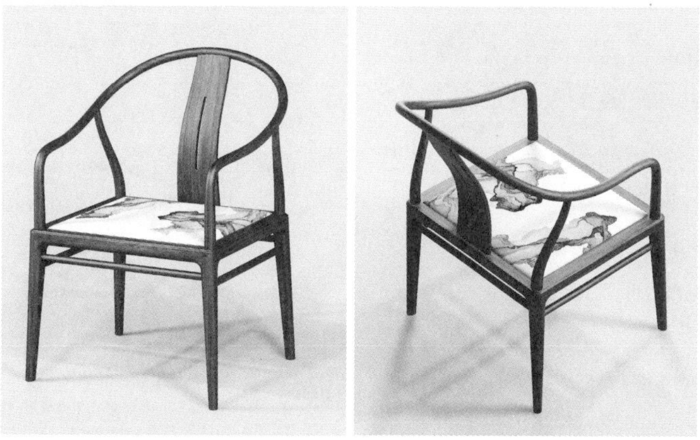

图8-19　联邦舒雨明星椅（联邦椅2号）

意境结合现代时尚生活。根植于宋代文化意境，又融入西方生活美学，是西方时尚设计对当代东方名仕生活的全新定义。产品糅合了中式家具的“气”，重塑了传统具象的“形”，灵动、轻巧，注重线与面、粗与细、直与曲的结合，组合灵活多变，将中式家具做得极其精美舒适，更加适合当代都市生活。

产品设计理念：秉承联邦三十多年来一直坚持的创新路线，以国际视野探索中国新美学。此餐椅以经典“联邦椅”为基型，不拘泥于传统的一些符号与形式，而是将美与雅结合，更多地将功能性、舒适度、造型美感及艺术感高度融合，创造适合当代人的生活产品（图8-19）。

（5）艺树胡桃木餐椅

项目背景：以中国北方中产阶级、中青年消费者为目标消费群体，产品需突出实木的价值感，同时注重性价比。

产品设计理念：餐椅整体采用简约挺拔的造型，结合优美的弧线、圆润的切割手法，表达出别具一格的实木家具的温润质感与价值体现（图8–20）。

图8–20 艺树胡桃木餐椅（东方冠雅）

（6）合院交椅

项目背景：产品定位中高端消费人群，遵循东方谦逊的美学语言，将宋学谦和高雅的精神风貌纳入家具产品当中。通过探寻宋代文人雅致生活“四事”——调香赏花、抚琴作诗、观画弈棋、饮酒点茶，透过嗅觉、味觉、触觉、听觉与视觉品味日常生活，将日常生活提升至艺术境界。

产品设计理念：中国古典正式坐具，体现的是一种庄重与典雅，蕴含着人们就座时的礼仪。交椅——最少见但最显赫。交椅在厅堂中陈设，以显地位，有凌驾四座之势，俗语有“头把交椅”之说，说明它的尊贵和崇高。这把交椅在演绎经典的同时去繁从简，将中国文化演变成一种生活方式、一种美学方式，并在当代的语境下重新打开。整把椅子去除了传统交椅的结构类装饰，增加两条“鹅头枨”，亭亭玉立、典雅大气；“月牙扶手”两端两个金属装饰件的运用，透射出清灵之气；皮座面，适应现代人对生活品质及审美高度上的需求；脚踏处增加金属垫片，避免对高档材料的磨损。椅子线条纤巧活泼，但又不失稳重，以期达到中国文化的当代语境和设计的高度融合（图8–21）。

图8–21 合院交椅（明堂红木）

（7）舒雨休闲躺椅

项目背景：设计的产品要求宋代文化意境结合现代时尚生活。根植于宋代文化意境，又融入西方生活美学，是西方时尚设计对当代东方名仕生活的全新定义。产品糅合了中式家具的“气”，重塑了传统具象的“形”，灵动、轻巧，注重线与面、粗与细、直与曲的结合，组合灵活多变，将中式家具做得极其精美舒适，更加适合当代都市生活。

产品设计理念：秉承联邦三十多年来一直坚持的创新路线，以国际视野探索中国新美学。此款休闲躺椅将法式椅子优雅高贵的生活方式与中式罗汉床的造型、风骨相结合，东西方经典的碰撞，经典与时尚的融合，很好地落地于现代人居住的生活特点，让经典设计风格在现代时尚的设计中得到沿承与发展。这款休闲躺椅作为该系列的形象产品，名副其实（图8–22）。

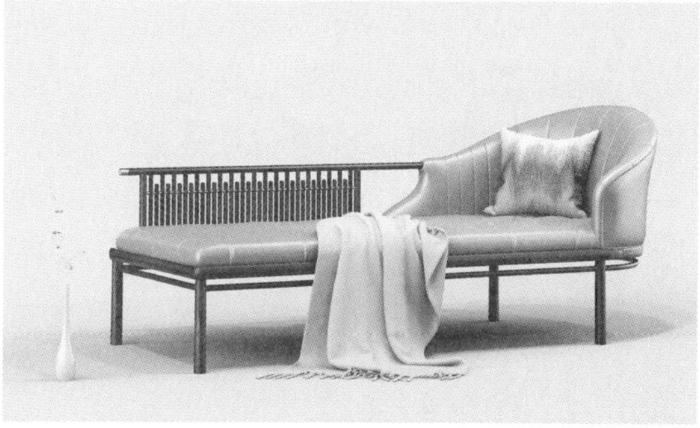

图8–22　舒雨休闲躺椅（联邦家私）

8.5　民用其他家具单品设计案例

（1）许愿屏风

项目背景：设计的产品针对中青年消费群体，他们热爱中华传统文化，同时又追寻时尚现代的生活方式，讲究生活品质。要求设计的新中式家具汲取中华文化之精髓，融入现代造型和功能元素，附加的文化元素和艺术内涵较多，具有一定的设计附加值。

产品设计理念：此屏风采用四折构成形式，每扇折屏又由四个如意形构成，蕴含“事事如意”的吉祥寓意，采用花梨木和鸡翅木双色搭配，搭配铜质构件，打造时尚中式美感（图8–23）。

（2）至美花架

项目背景：要求设计的产品针对“80后”“90后”主流消费群，追寻时尚现代的生活方式，讲究生活品质，具有现代的审美，主要遵循北欧、日式家具风格，同时融入中国的生活

（a）

（b）

图8–23　许愿屏风（御福堂）

（a）效果图　（b）实物

方式与现状，具有较高的设计附加值。采用实木家具结构工艺，造型时尚，工艺简洁，突出木材本身的优美纹理，色泽优雅，讲究功能，比例协调，圆润又有细节。

产品设计理念：本产品设计以“以简驭繁，以少胜多”为原则，将时尚元素巧妙地融入实木家具之中，将简约流畅的线条与家具功能有机融合，温润精致的质感，让家具有了灵动之感，用视觉和触觉发现家具的美（图8-24）。

（3）阅境衣帽架

项目背景：要求设计的产品在现代简约实木家具基础上，结合意大利家具的时尚品位，同时具有一定的东方韵味。产品要求既有实木的价值感，同时又灵动时尚，并有意境。讲究功能，比例协调，造型有特色。

产品设计理念：本产品采用模块化设计手法，点、线、面元素有机结合，巧妙地将衣帽架与穿衣镜功能融合，造型简约、时尚，富有特色（图8-25）。

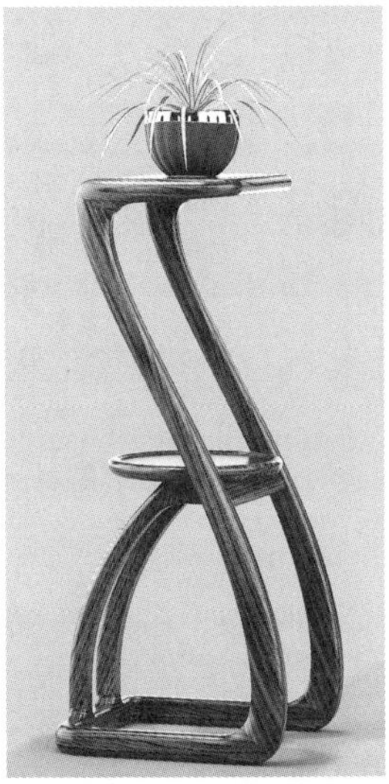

图8-24　至美花架（黎元家具）

图8-25　阅镜衣帽架（喜之林）

8.6　民用定制家具设计案例

民用定制家具主要体现在各空间的柜类家具中，具有充分利用整面墙体空间或户型的优势。按空间位置不同，民用定制家具主要分定制门厅柜、客厅电视柜、衣柜、衣帽间、书柜、榻榻米、橱柜、卫浴柜等。定制家具设计中最关键的因素就是遵循不同功能需求，进行功能细分，并结合模块化设计手法与材料、工艺，按照空间尺寸进行合理排列组合（图8-26至图8-28）。

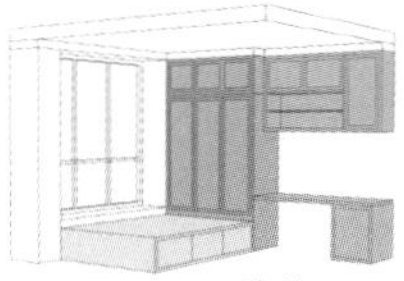

单位：mm

榻榻米1

2600×3100×2600

床榻：2000×1500×400

衣柜：1500×600×2600

书桌（柜）：1600×600×2600（360）

- 收纳区：衣柜
- 休息区：寝具
- 办公区：书桌、椅、吊柜

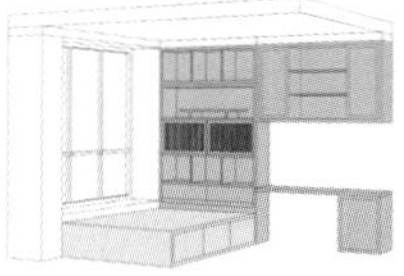

单位：mm

榻榻米2

2600×3100×2600

床榻：2000×1500×400

衣柜：1500×360×2600

书桌（柜）：1600×450×2600（360）

- 收纳区：书架/展示架/茶柜
- 休息区：茶桌
- 办公区：书桌、椅、吊柜

图8-26　榻榻米（楚天檀意）

图8-27　衣帽间（聚丰）

图8-28 橱柜

8.7　民用家具延伸设计案例

民用家具产品的延伸设计通常是按照既定的产品线规划进行的，而产品线的规划需要从生产、销售、消费者等多个维度综合考虑。每件产品的使命是不同的，通常有形象产品、走量产品、辅助产品等之分，其主要目的是增加消费者的选择性，最终目的是推动产品的销售，为企业创造商业价值。按照传统门店的商业模式，民用家具开发时最多的是适应 250 ~ 300m^{2}的门店铺货，其产品线规划多为60 ~ 80件新品（表8–1），其中款式相同、规格不同的产品（如款式相同的单人位、两人位、三人位沙发）计算为一件。

表8–1　某品牌实木家具产品线规划

某品牌实木家具产品线规划															
卧室			客厅			餐厅			书房/茶室			综合配套			
床	4	1 款形象款（考虑宽屏形式） 1 款功能款（考虑床箱形式） 1 款常规款（注重厚重价值感） 1 款走量款（考虑成本性价比）	沙发	6	1 款形象款（注重考虑产品形式感） 2 款功能款（考虑有储物抽屉功能、转角） 2 款常规款（注重厚重价值感） 1 款走量款（考虑成本性价比）	餐桌	4	1 款形象款（长方形长度 1600 左右） 1 款圆餐桌（直径 1350 左右） 1 款常规款（长方形长度 1500 左右） 1 款走量款（长方形长度 1400 左右）	书桌	1	中款形式（尺寸 1500 左右）	休闲椅	1	门厅柜	1
床头柜	2	1 款单抽 1 款双抽	茶几	6	与沙发配套	餐椅	4	与餐桌配套	书椅	1		休闲躺椅	1	花架	1
斗柜	1		角几	2		餐柜	2		书柜	1		休闲几	1	玄关	1
衣柜	2		电视柜	2		餐凳	1		书架	1		衣帽架	1	鞋柜	1
妆台	1		厅柜	2					定制书柜	1		穿衣镜	1	间厅柜	1
妆凳	1		休闲沙发	1		酒柜	1		茶桌	1					
定制衣柜	1		休闲凳	1		定制餐柜	1		茶椅	1					
衣帽间	1		定制厅柜	1					茶柜	1					
									茶车	1					
13			21			13			9			10			
总计：66 件															

民用家具通常成套系设计，产品延伸设计是常用的设计手段。延伸设计基本原则一：传承。也就是根据既定产品线规划，设计的产品风格、造型特征因素或识别因素以及产品品牌文化核心理念等保持延续（产品的“DNA”保持不变）。延伸设计基本原则二：创新。传承不是复制，传承必须创新。否则，延伸概念不能体现，即在形式、功能、尺寸规格、价格、构成方式等某方面必须与原有的产品区分开，形成变量，有自己的新意，同时兼顾不同品类产品的搭配性与协调性，即设计中的统一与变化、对比与调和（图8–29和图8–30）。我们在提供设计方案时，尽可能以空间为单位，这样可更加有效地表达出一种生活方式(图8–31)。

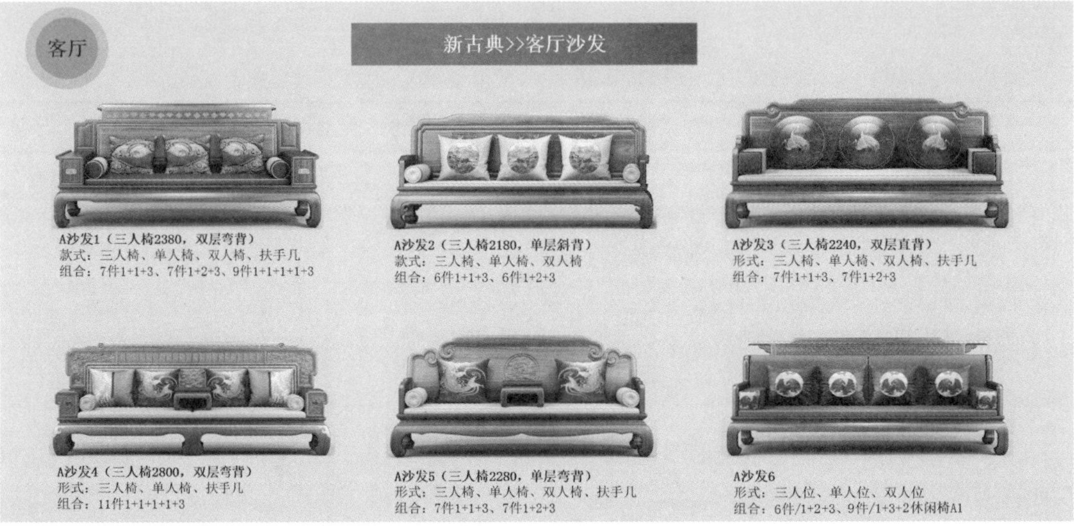

（a）

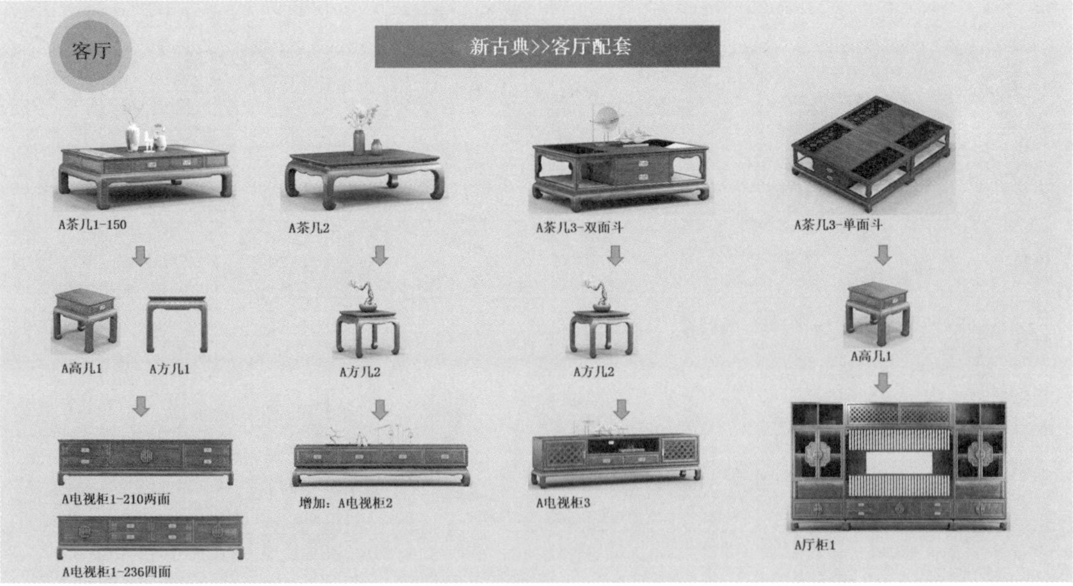

（b）

图8–29 客厅家具产品线规划（京熹）(1)

（a）沙发规划 （b）客厅配套

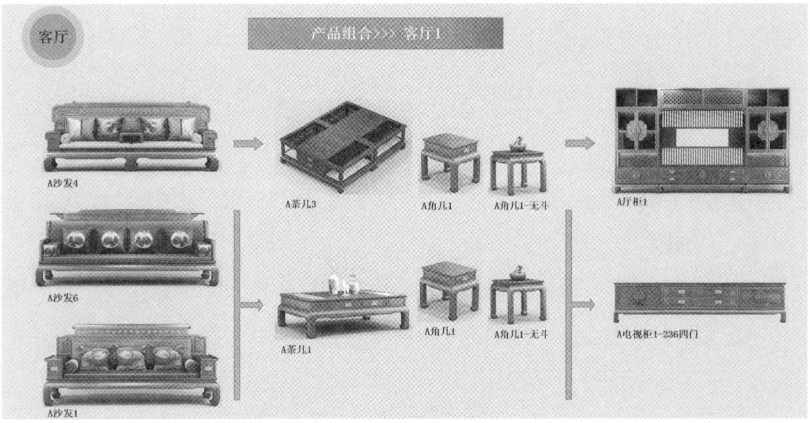

（a）

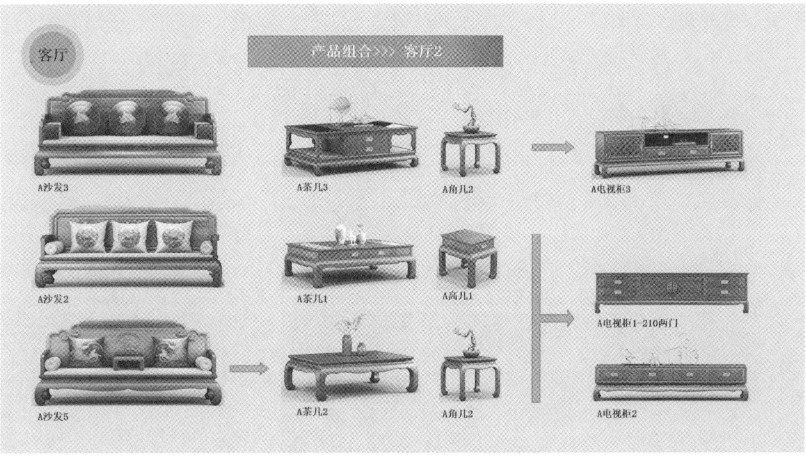

（b）

图8-30　客厅家具产品线规划（京熹）（2）
（a）产品组合（1）（b）产品组合（2）

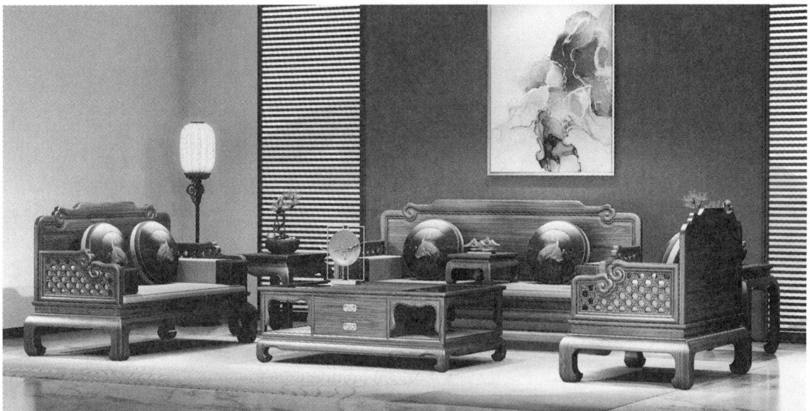

图8-31　客厅空间（京熹）

8.8 办公家具设计案例

（1）办公桌

产品设计理念：目标为企业中高层领导使用的办公家具，实木为主材，突出实木的价值感。造型大气稳重，富有个性，符合现代办公需求，功能合理，健康环保（图8–32）。

（2）书柜

产品设计理念：采用对称构图形式，突出造型的稳重大气。内部功能采用模块设计方法，实现办公书柜兼展示柜的功能（图8–33）。

（3）办公椅——“江山”

产品设计理念：灵感源于汉字“山”，外观简洁大方，具有“一览众山小”的气魄，易搭配各种款式班台。设计上采用弧形造型，端正、舒适，弧形设计受力均匀，整体美观大方，坐感舒适。靠背可以有多个角度的调节，适合不同的坐姿（图8–34）。

（4）电竞椅——“铠甲勇士”

产品设计理念：注重外观造型与功能创新，造型简约、现代、大方、年轻、时尚，视觉冲击力强。内部采用常用电竞椅铁架结构形式，保留调角器，但铁架造型根据具体设计重新

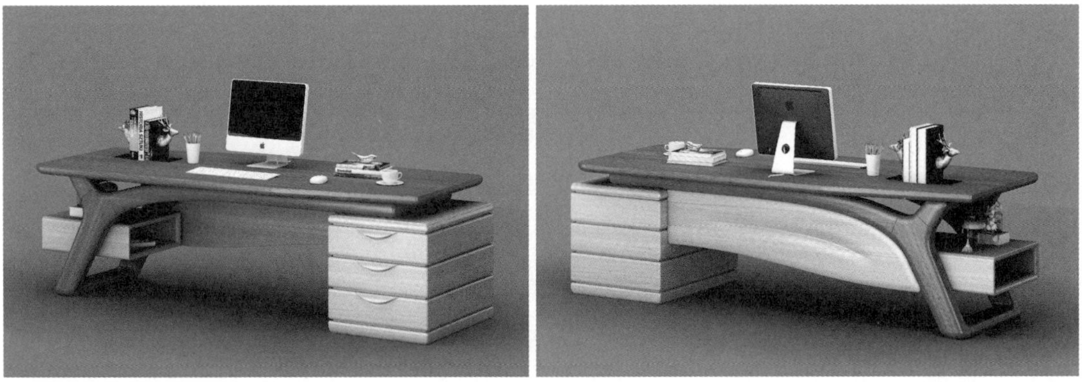

图8–32 办公桌效果图

图8–33 书柜效果图

调整造型形式，不能太复杂。靠背用网布与皮结合，增加透气性。靠背上附设腰靠与头枕功能（图8–35）。

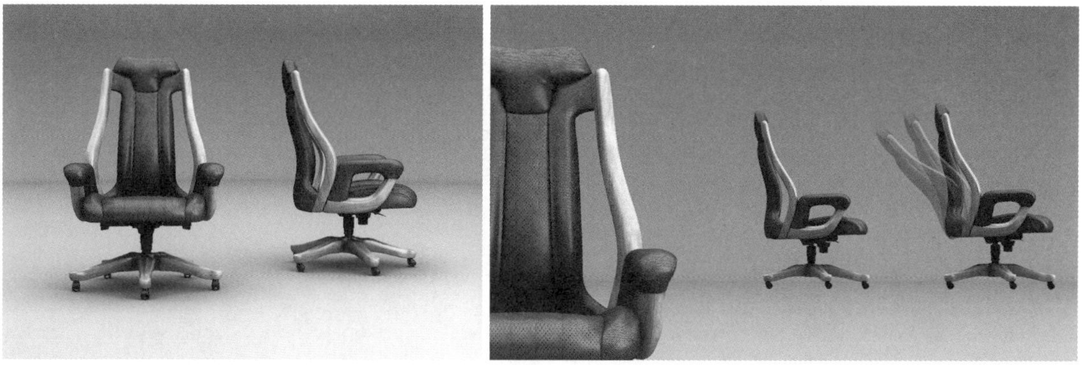

图8–34　“江山”办公椅效果图（骏誉）

图8–35　“铠甲勇士”电竞椅效果图（茂昌）

8.9　学校家具设计案例

（1）实验桌

产品设计理念：流线型设计，造型美观大方，边角倒圆角处理，增加安全性。新型塑铝结构，学生位镂空式，让学生就座更加舒适，专用书包斗，便于清理，不囤垃圾，中间设挂凳卡，方便挂放凳子。两侧腿架采用“A”字造型，也是对学生成绩的美好期盼（图8–36）。

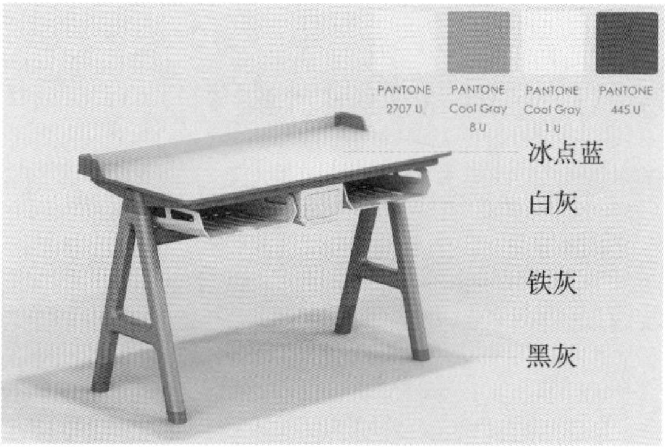

图8–36　实验桌（大德）

（2）创客教室操作台

产品设计理念：桌面灵感源于回旋镖，造型独特，简约时尚，可以实现巧妙的组合形式，模块化设计，可独立、可组合使用，能动性提高，互动增加，以小组为单位活动的课程增多，增加团队协作性，同时也强调了个体的独立性（图8-37）。

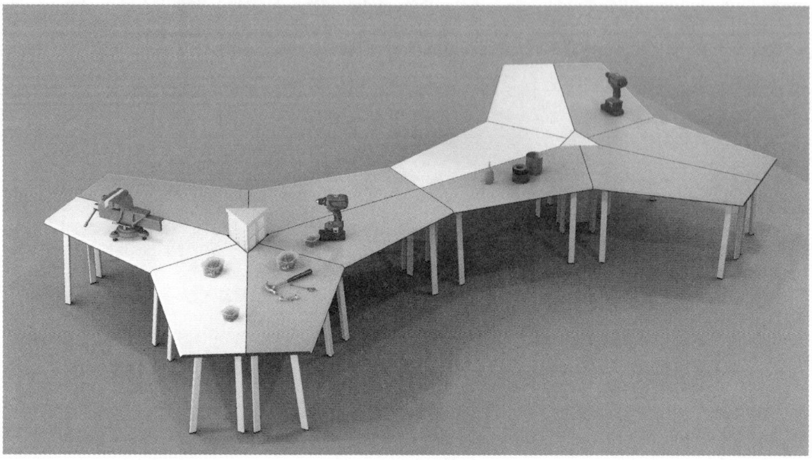

（a）

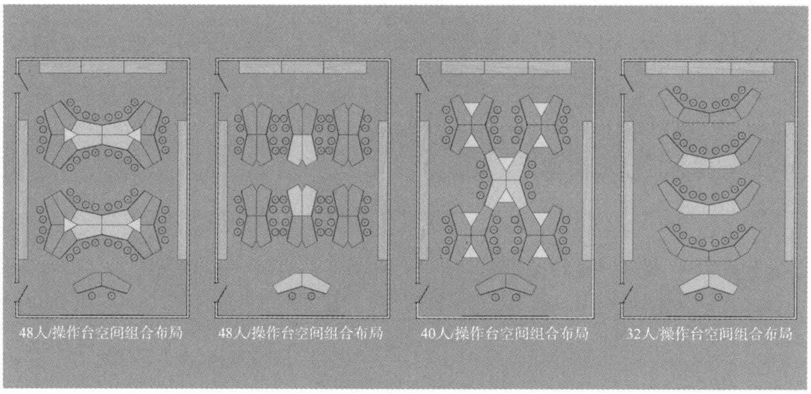

（b）

图8-37　创客教室操作台（大德）
（a）效果图　（b）不同组合布局

8.10　酒店家具设计案例

酒店家具通常需要根据项目实际要求，如空间尺寸、造价、风格要求进行选配或定制。选配方便快捷，且能控制成本。而有些位置的家具则受空间条件限制，需要按现场尺寸进行定制设计（图8-38和图8-39）。

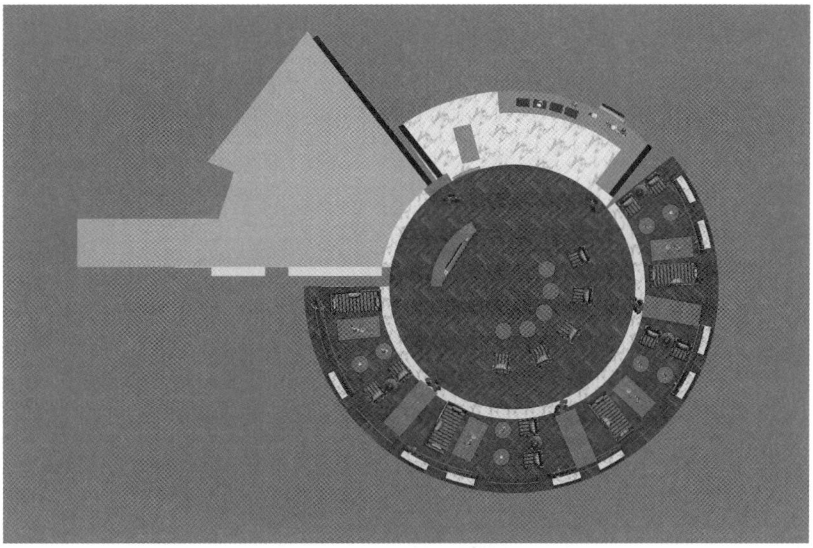

图8-38　某酒店行政走廊家具平面布局

图8-39　某酒店行政走廊家具效果图

本章小结

“实践是检验真理的唯一标准”。本章通过作者多年亲身经历的设计实践案例分享，引导大家注重对将人的需求、技术可能性以及商业可持续性整合在一起的专业设计思维的培养，注重专业技能的提升，从而更好地进行设计表达，提升为人们的美好生活而服务的能力。

作业与思考题

（1）收集一个现阶段家具设计相关的大赛，按赛事要求针对性进行产品设计并投稿。

（2）市场调查当地家具卖场，收集整理其中一个品牌的家具系列产品，并分析其产品线规划特征。

（3）以主流消费市场为目标，分别设计一个客厅、餐厅、卧室空间家具，要有空间与家具单品效果图以及设计理念的阐述。

参考文献

［1］ 佐藤大．用设计解决问题［M］．邓超，译．北京：北京时代华文出版社，2016．

［2］ 田运．思维辞典［M］．杭州：浙江教育出版社，1996．

［3］ 谭国亮．品牌服装产品规划［M］．北京：中国纺织出版社，2007．

［4］ 刘元风，胡月．服装艺术设计［M］．北京：中国纺织出版社，2006．

［5］ 边守任．产品创新设计［M］．北京：北京理工大学出版社，2002．

［6］ 王效杰．工业设计趋势与策略［M］．北京：中国轻工业出版社，2009．

［7］ 黄伟．工业设计师完全手册［M］．广州：岭南美术出版社，2002．

［8］ 吴祖慈．产品形态学［M］．南京：江苏科学技术出版社，1991．

［9］ 罗伯特·G·库珀．新产品开发流程管理：第4版［M］．青铜器软件公司，译．北京：电子工业出版社，2013．

［10］ 吴智慧．室内与家具设计：家具设计［M］．2版．北京：中国林业出版社，2012．

［11］ 陈于书．家具史［M］．2版．北京：中国轻工业出版社，2018．

［12］ 许柏鸣．家具设计［M］．2版．北京：中国轻工业出版社，2019．

［13］ 张锡．设计材料与加工工艺［M］．北京：化学工业出版社，2019．

［14］ 杨耀．明式家具研究［M］．北京：中国建筑工业出版社，1986．

［15］ 王世襄．明式家具珍赏［M］．北京：文物出版社，1985．

［16］ 陶涛．家具市场新营销［M］．北京：化学工业出版社，2020．

［17］ 陈于书．20世纪中国家具艺术风格解读［D］．南京：南京林业大学，2008．

［18］ 王受之．世界现代设计史［M］．广州：新世纪出版社，1995．

［19］ Judith Gura. Sourcebook of Scandinavian Furniture: Designs for the Twenty-first Century［M］．New York：WW Norton & Co, 2012．

［20］ Mateo Kries, Jochen Eisenbrand, etc. . Atlas of Furniture Design［M］．Weil: Vitra Design Museum, 2019.

［21］ Judith Miller．Furniture：World Styles From Classical to Contemporary［M］．London：Dorling Kindersley Ltd, 2011．

［22］ Lars Dybdahl. Furniture Boom: Mid-Century Modern Danish Furniture 1945—1975［M］．San Francisco：Strandberg Publishing, 2019．

［23］ Julius Panero, Martin Zelnik. 人体尺度与室内空间［M］．龚锦，译．天津：天津科学技术出版社，1987．

［24］ Booz-Allen & Hamilton. New Product Management for the 1980s［M］．New York: Booz-Allen & Hamilton, INC, 1982.